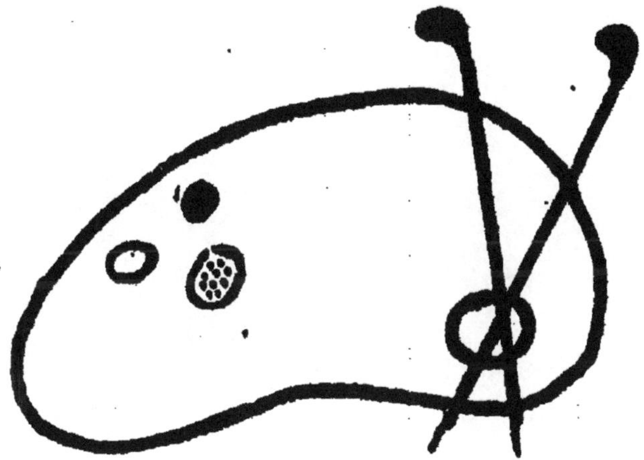

Couvertures supérieure et inférieure en couleur

PRIX 1.25

HACHETTE et Cie à PARIS, boulevard St-Germain, 79

LITTÉRATURE POPULAIRE

ÉDITION A 1 FRANC 25 C. LE VOLUME, FORMAT IN-16

Agassiz (M. et Mme). *Voyage au Brésil.*
Aunet (Mme Léonie d'). *Voyage d'une femme au Spitzberg.* 1 vol.
Badin (Ad.). *Duguay-Trouin.* 1 vol.
— *Jean-Bart.* 1 vol.
Baines (Th.) *Voyage dans le sud-ouest de l'Afrique.* 1 vol.
Baker (S.-W.). *Le lac Albert.* 1 vol.
Baldwin. *Du Natal au Zambèze.* 1851-1866.
Barrau (Th.-H.). *Conseils aux ouvriers.*
Bernard (Fréd.). *Vie d'Oberlin.* 1 vol.
Bonnechose (E. de). *Bertrand du Guesclin.* 1 vol.
— *Lazare Hoche.* 1 vol.
Bourde. *Le patriote.* 1 vol.
Burton (le capitaine). *Voyages à la Mecque.*
Calemard de la Fayette. *Peau-de-Bique ou la Prime d'honneur.* 1 vol.
— *L'agriculture progressive.* 1 vol.
Carraud (Mme). *Une servante d'autrefois.*
— *Les veillées de maître Patrigeon.* 1 vol.
Charton (Ed.). *Histoire de trois enfants pauvres.* 1 vol.
Corne (H.). *Le cardinal Mazarin.* 1 vol.
— *Le cardinal de Richelieu.* 1 vol.
Corneille (Pierre). *Chefs-d'œuvre.* 1 vol.
Deherrypon (Martial). *La boutique de la marchande de poissons.* 1 vol.
— *La boutique du charbonnier.* 1 vol.
Duval (Jules). *Notre pays.* 1 vol.
Ernouf (baron). *Histoire de trois ouvriers.*
— *Deux inventeurs célèbres.* 1 vol.
— *Denis Papin.* 1 vol.
— *Les inventeurs du gaz et de la photographie.* 1 vol.
— *Pierre Latour du Moulin.* 1 vol.
— *Histoire de quatre inventeurs français.*
Flammarion. *Petite astronomie descriptive.* 1 vol.
Fonvielle (W. de). *Le glaçon du Polaris.* 1 vol.
— *Les drames de la science.* 2 vol.
— *La mesure du mètre.* 1 vol.
— *La pose du premier câble.* 1 vol.
Franck (A.). *Morale pour tous.* 1 vol.
Franklin. *Œuvres.* Trad. Laboulaye. 5 vol.
[illegible] et Ducoudray. *Le patriotisme en France.* 1 vol.
Guillemin (Amédée). *Petite encyclopédie populaire,* illustrée, 12 vol.
— *La lune.* 1 vol.
— *Le soleil.* 1 vol.
— *La lumière.* 1 vol.
— *Le son.* 1 vol.
— *Les étoiles.* 1 vol.
— *Les nébuleuses.* 1 vol.
— *Les comètes.* 1 vol.
— *Le feu souterrain.* 1 vol.
— *Le télégraphe et le téléphone.* 1 vol.
— *Le beau et le mauvais temps.* 1 vol.
Guillemin (Amédée). *Les météores électriques et optiques.* 1 vol.
— *Les machines à vapeur et à gaz.* 1 v.
Hauréau (B.). *Charlemagne et sa cour.* 1 v.
Hayes (Dr I.-I.). *La mer libre du pôle.* 1 v.
Homère. *Les beautés de l'Iliade et de l'Odyssée.* 1 vol.
Joinville (le sire de). *Histoire de saint Louis.* 1 vol.
Jonveaux (Émile). *Histoire de quatre ouvriers anglais.* 1 vol.
— *Histoire de trois potiers célèbres.* 1 vol.
Jouault. *Abraham Lincoln.* 1 vol.
— *George Washington.* 1 vol.
Labouchère (Alf.). *Oberkampf.* 1 vol.
Lacombe (P.). *Petite histoire du peuple français.* 1 vol.
La Fontaine. *Fables.* 1 vol.
Lanoye (Fr. de). *Le Nil.* 1 vol.
Le Loyal Serviteur. *Histoire du gentil seigneur de Bayard.* 1 vol.
Lescure (de). *Vie de Henri IV.* 1 vol.
Livingstone. (Charles et David). *Explorations dans l'Afrique centrale.* 1 vol.
— *Dernier Journal.* 1 vol.
Mage (E.). *Voyage dans le Soudan occidental.* 1 vol. avec une carte.
Meunier (Mme H.). *Entretiens familiers sur l'hygiène.* 1 vol.
— *Entretiens sur la Botanique.* 1 vol.
Milton (le Vte) et le Dr W.-B. Cheadle. *Voyage de l'Atlantique au Pacifique.* 1 v.
Molière. *Chefs-d'œuvre.* 2 vol.
Mouhot. *Voyage à Siam, dans le Cambodge et le Laos.* 1 vol.
Müller (Eug.). *La boutique du marchand de nouveautés.* 1 vol.
— *La machine à vapeur.* 1 vol.
Palgrave (W.-G.). *Une année dans l'Arabie centrale.* 1 vol. avec carte.
Passy *Les machines.* 1 vol.
Pfeiffer (Mme Ida). *Voyage autour du monde.* 1 vol.
Piotrowski (R.). *Souvenirs d'un Sibérien.*
Racine (Jean). *Chefs-d'œuvre.* 1 vol.
Rambaud. *Histoire de la Révolution française.* 1 vol.
Reclus (E.). *Les phénomènes terrestres.*
I. *Les continents.* 1 vol.
II. *Les mers et les météores.* 1 vol.
Rendu (Victor). *Principes d'agriculture.* 2 vol.
— *Mœurs pittoresques des insectes.* 1 vol.
Schweinfurth (D^r). *Au cœur de l'Afrique.*
Shakespeare. *Chefs-d'œuvre.* 3 vol.
Speke. *Les sources du Nil.* 1 vol.
Stanley. *Comment j'ai retrouvé Livingstone.* 1 vol.
Vambéry (Arminius). *Voyage d'un faux derviche dans l'Asie centrale.* 1 vol.
Wallon (de l'Institut). *Jeanne d'Arc.* 1 vol.

Coulommiers. — Imp. P. Brodard et Gallois. 11-89.

PETITE

ENCYCLOPÉDIE POPULAIRE

DES SCIENCES

ET DE LEURS APPLICATIONS

LE MAGNÉTISME ET L'ÉLECTRICITÉ

I

PHÉNOMÈNES MAGNÉTIQUES ET ÉLECTRIQUES

PETITE ENCYCLOPÉDIE POPULAIRE

DES SCIENCES ET DE LEURS APPLICATIONS

Par Amédée GUILLEMIN

EN VENTE :

La Lune. — 1 vol. in-16, illustré de 2 grandes planches et de 46 vignettes. 6e édition .... 1 fr. 25

Le Soleil. — 1 vol. in-16, illustré de 58 vignettes. 6e édition. 1 fr. 25

La Lumière et les Couleurs. — 1 vol. in-16, illustré de 71 vignettes. 3e édition .... 1 fr. 25

Le Son. — 1 vol. in-16, illustré de 70 vignettes. 3e édition... 1 fr. 25

Les Étoiles. — *Notions d'astronomie sidérale.* 1 vol. in-16, illustré de 63 vignettes, d'une carte céleste et d'une planche coloriée. 3e édition .... 1 fr. 25

Les Nébuleuses. — 1 vol. in-16, illustré de 66 vignettes, 2e éd. 1 fr. 25

Le Feu souterrain. — *Volcans et tremblements de terre.* 1 vol. in-16, illustré de 55 vignettes .... 1 fr. 25

Le Télégraphe et le Téléphone. — 1 vol. in-16, illustré de 101 vignettes. 1 fr. 25

Les Comètes. — 1 vol. in-16, illustré de 46 vignettes .... 1 fr. 25

Le Beau et le Mauvais Temps. — 1 vol. in-16, illustré de 77 vignettes. 1 fr. 25

Les Météores électriques et optiques. — 1 vol. in-16, illustré de 61 vignettes .... 1 fr. 25

Les Machines à vapeur. — 1 vol. in-16, illustré de 91 vignettes. 1 fr. 25

Les Étoiles filantes et les Pierres qui tombent du ciel. — 1 vol. in-16, illustré de 45 vignettes .... 1 fr. 25

Le Magnétisme et l'Électricité : — 1 vol. in-16, illustré de 132 vignettes .... 1 fr. 25

OUVRAGES DU MÊME AUTEUR, PUBLIÉS PAR LA MÊME LIBRAIRIE :

Le Ciel. — *Notions élémentaires d'astronomie physique.* — 5e édition, illustrée de 62 planches dont 22 tirées en couleur et de 361 vignettes dans le texte. 1 vol. grand in-8 jésus .... 20 fr.

Le Monde physique. — 5 volumes grand in-8 jésus, illustrés de 31 planches en couleur, de 80 planches en noir et de 2 042 vignettes. 120 fr.

Chaque volume se vend séparément :

Tome I. *La Pesanteur et la Gravitation universelle.* — *Le Son.* 25 fr.

Tome II. *La Lumière*, 1 vol. .... 20 fr.

Tome III. *Le Magnétisme et l'Électricité*, 1 vol. .... 30 fr.

Tome IV. *La Chaleur* .... 20 fr.

Tome V. *La Météorologie, la Physique moléculaire*, 1 vol.. 30 fr.

Les Comètes. — 1 volume in-8 jésus, illustré de 78 vignettes et de 11 planches en couleur .... 10 fr.

Les Chemins de fer. — 2 volumes in-16, illustrés de 171 vignettes. 7e édition .... 4 fr. 50

La Vapeur. — 1 vol. in-16, illustré de 123 vignettes. 3e édition. 2 fr. 25

Éléments de Cosmographie. — Conformes aux programmes de l'enseignement secondaire spécial. 1 vol. in-16, illustré de 2 planches et de 171 vignettes. 5e édition .... 3 fr.

Coulommiers. — Typ. P. BRODARD et GALLOIS.

PETITE ENCYCLOPÉDIE POPULAIRE
PAR AMÉDÉE GUILLEMIN

LE MAGNÉTISME

ET

L'ÉLECTRICITÉ

I

PHÉNOMÈNES MAGNÉTIQUES ET ÉLECTRIQUES

OUVRAGE

ILLUSTRÉ DE 132 FIGURES

PARIS
LIBRAIRIE HACHETTE ET Cie
79, BOULEVARD SAINT-GERMAIN, 79

1890

INTRODUCTION

Aucune branche des Sciences physiques, si ce n'est la Chimie, ne s'est développée aussi rapidement que l'Électricité; aucune n'a fourni en un temps aussi court une aussi abondante récolte d'applications ingénieuses ou utiles.

Et, chose curieuse, l'agent de tous ces phénomènes, à peu près ignorés il y a trois siècles, n'était pas pour ainsi dire soupçonné des hommes de science. Deux ou trois faits, tels que l'attraction du fer par la pierre aimantée, celle des corps légers en présence d'un morceau d'ambre frotté, la direction de l'aiguille de la boussole, semblaient comme autant d'énigmes isolées, sans lien apparent, de ces bizarreries de la nature qu'on n'essayait même pas d'expliquer. On connaissait, par la constance et l'universalité de leurs effets, la pesanteur, la chaleur, la lumière, qu'on voyait affecter tous les corps et dont chacun de nous d'ailleurs était à même de sentir l'influence. On n'imaginait pas qu'il existât d'autres forces, exerçant à notre insu leur action mystérieuse, aussi bien sur le milieu qui nous entoure que sur nous-mêmes, et produisant sous nos yeux, à des intervalles irréguliers, il est vrai, deux des phénomènes les plus grandioses de la Nature, les aurores boréales et la foudre [1].

1. Notre illustre et regretté J.-B. Dumas a exprimé cette pensée en des termes éloquents, que nous allons reproduire.:
« La mythologie grecque, dit-il, personnifiant avec bonheur les forces de la nature, avait rangé les vents, les flots et le feu

Toute une série de faits nouveaux, de délicates et minutieuses expériences devaient être, les uns observés, les autres réalisées avant que les physiciens arrivassent à reconnaître la parenté de ces deux manifestations de l'électricité atmosphérique avec les deux ou trois petits faits transmis par les Anciens jusqu'au moyen âge et jusqu'aux temps modernes. Pendant des siècles, les lueurs mystérieuses des aurores sont venues illuminer le ciel des régions polaires et darder jusqu'en nos pays de la zone tempérée leurs rayons changeants, sans qu'on pût se douter du lien qui les unissait avec la tendance de l'aiguille aimantée vers le nord. Les fulgurations des éclairs et les grondements du tonnerre venaient fréquemment illuminer les nuées et ébranler l'atmosphère. Qui eût pu croire que cela n'était qu'à une plus grande échelle la reproduction de l'étincelle minuscule qui s'échappe d'un bout d'ambre jaune lorsqu'on en approche le doigt, et du pétillement sec que l'oreille entend à peine au même instant? C'est cependant là ce qui est prouvé depuis les fameuses expériences du cerf-volant de Franklin vers le milieu du dernier siècle.

sous les ordres des divinités secondaires; elle avait fait du dieu de la poésie et des arts le représentant céleste de la lumière; par une adorable prescience, elle avait réservé la foudre à Jupiter.

« La science et l'industrie se sont emparées depuis longtemps des forces que l'air et les eaux mettent à la disposition de l'homme. La vapeur, animée par le feu, lui permet de franchir les obstacles et de dominer les mers. La lumière n'a plus de secrets pour la science, et les arts multiplient chaque jour les plus surprenantes applications. Restait un dernier effort à accomplir : il fallait saisir entre les mains du maître des dieux la foudre elle-même et la plier aux besoins de l'humanité; c'est cet effort que le XIXe siècle vient d'accomplir et dont vous constatez le succès dans ce brillant congrès. Cet effort restera comme une date mémorable dans l'histoire; au milieu du mouvement de la politique et des agitations de l'esprit humain, il deviendra l'expression caractéristique de notre époque. Le XIXe siècle sera le siècle de l'électricité! » (Discours prononcé à la séance de clôture du *Congrès international des électriciens.*)

Nous verrons, au courant de ce volume, comment peu à peu se sont multipliées les connaissances relatives aux phénomènes électriques et magnétiques. C'est à un physicien anglais, Gilbert, vers les premières années du XVIIe siècle, que remontent les premières observations méthodiques des attractions et des répulsions réciproques de l'aimant, du fer, des corps électrisés par le frottement, les premières expériences qui ont mis sur la voie d'une multitude de faits nouveaux dont auparavant personne n'avait l'idée. Cent cinquante ans après Gilbert, Franklin découvrait l'identité de la foudre et des décharges électriques; vers la fin du XVIIIe siècle, une autre découverte capitale, celle de la pile, était faite par Volta. Puis, coup sur coup, vinrent les expériences d'Œrstedt et les découvertes d'Ampère, dont le génie théorique mit en pleine évidence la parenté des deux ordres de phénomènes, magnétiques et électriques, fondant ainsi une science nouvelle, l'électro-magnétisme, et donnant carrière à ces applications étonnantes qui ont révolutionné les rapports des nations civilisées, la télégraphie électrique, la téléphonie, etc.

Le mouvement ainsi commencé continue, et sa marche est si rapide, qu'on a vu en quelques années l'éclairage électrique passer de sa phase embryonnaire, où les essais ne paraissaient devoir convenir qu'à des cas exceptionnels et se borner à des circonstances spéciales, à un succès vraiment pratique, où le nouveau mode d'éclairage tend à se généraliser pour passer peut-être avant peu dans les usages courants de la vie publique et privée.

On ne sait lequel on doit admirer le plus, dans l'action du mystérieux agent qui se manifeste sous des formes si variées dans les organes des machines qu'il anime, de l'extrême délicatesse et de la précision du travail qu'on lui demande, ou de la puissance de ses effets chimiques, calorifiques ou lumineux. On avait vu des effets pareils produits par la foudre, effets capricieux et bizarres en apparence, que nos électriciens obtiennent aujourd'hui, soit des batteries de leurs piles gigantesques, soit de leurs machines dynamo-électriques, mais avec la docilité en plus, qui mesure la force en action au mode de mouvement à réaliser, au service à rendre.

Mais à quoi bon insister sur ces généralités, que des exemples précis rendront plus claires? Déjà, dans un des ouvrages de cette collection, nous avons décrit les météores que le magnétisme et l'électricité développent dans l'atmosphère et dont les principaux sont les aurores boréales et le tonnerre. Un autre volume a été consacré à la télégraphie et à la téléphonie. Dans celui-ci, nous décrirons les phénomènes et leurs lois, avec tous les détails nécessaires à l'intelligence de cette féconde branche de la physique. Après quoi, nous verrons l'électricité à l'œuvre. Si l'agent électrique nous sert d'un côté à transmettre au loin notre pensée avec la rapidité de la foudre, supprimant ainsi les distances, de l'autre nous le verrons argenter et dorer les métaux, tantôt reproduire les plus délicates ciselures avec une précision qui laisse loin l'art du mouleur, ou suivre avec une fidélité étonnante les moindres traits du burin; tantôt enfin, par une transformation pareille à celle qu'on voit se produire dans les éclairs des orages, nous le verrons donner une lumière dont l'éclat rivalise avec celui du soleil; ou encore devenir une source de chaleur assez intense pour fondre et volatiliser les métaux les plus denses et les plus durs, ou les substances les plus réfractaires.

LE MAGNÉTISME

ET

L'ÉLECTRICITÉ

PREMIÈRE PARTIE

LE MAGNÉTISME

CHAPITRE I

LES AIMANTS

I

Phénomènes généraux du magnétisme.

Les minéralogistes donnent le nom de *fer oxydulé* ou de *fer magnétique* à un minerai de ce métal qu'on rencontre dans un assez grand nombre de mines des deux mondes [1]. Certains échantillons de fer oxydulé jouissent de la propriété d'attirer à eux, en certains de leurs points, les parcelles de fer ou d'acier qu'on leur présente, et, en raison de ce phénomène, on les

1. Comme l'indique la formule chimique $FeO + Fe^2O^3$, ce minerai est formé de protoxyde et de sesquioxyde de fer et cristallise sous la forme d'octaèdres ou encore de dodécaèdres rhomboïdaux.

nomme *pierres d'aimant* ou simplement *aimants naturels*, pour les distinguer des morceaux d'acier auxquels on parvient à communiquer la même vertu attractive et qu'on désigne sous le nom d'*aimants artificiels*.

Les plus importants gisements de fer magnétique existent en Suède et en Norvège, sous la forme de masses compactes douées de l'éclat métallique, et

Fig. 1. — Attraction du fer par les aimants.

aussi dans l'île d'Elbe, au sein de l'amas de minerai qu'on exploite au cap Calamita. Mais on en trouve encore en Auvergne, en Allemagne, aux États-Unis, à Bône en Algérie. La pierre d'aimant a une teinte ordinairement noirâtre ou brune, quelquefois grisâtre; elle a un aspect métallique, comme on vient de le dire; sa densité est 5,10. C'est le meilleur de tous les minerais de fer.

Rien n'est plus facile que de mettre en évidence l'attraction des aimants, naturels ou artificiels, pour le fer. Il suffit de les plonger dans un amas de limaille ou de battiture de ce métal; en les retirant, on voit qu'ils retiennent à certains points de leur surface une multitude de parcelles métalliques groupées sous forme de houppes plus ou moins denses (fig. 1). Des morceaux de fer ou d'acier, des clous, des aiguilles sont entraînés vers les mêmes points des aimants et s'y précipitent, quand la distance qui les en sépare est suffisamment petite.

On constate encore la même propriété en se servant d'un petit appareil auquel on donne le nom de *pendule magnétique* : il consiste simplement en une balle de fer suspendue à un fil (fig. 2). Si l'on pré-

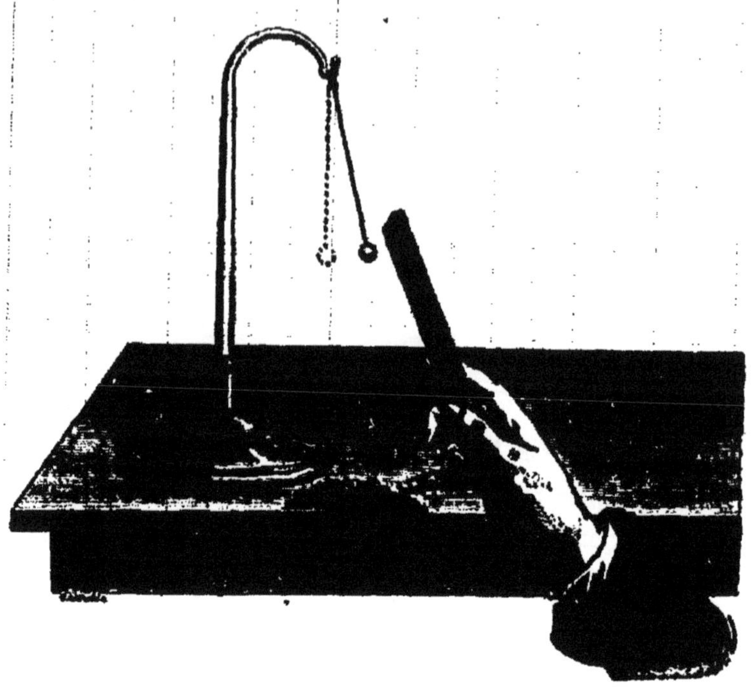

Fig. 2. — Pendule magnétique.

sente latéralement l'aimant à la balle, celle-ci en s'approchant fait dévier le fil de sa direction verticale. L'attraction est d'autant plus forte que la distance de l'aimant est moindre. D'ailleurs, comme permet de le prévoir le principe d'égalité de l'action et de la réaction, si l'aimant attire le fer, le fer lui-même attire l'aimant. Ainsi, un aimant rendu mobile par le mode de suspension que représente la figure 3, se meut quand on l'approche suffisamment d'un cylindre de fer immobile, et tourne horizontalement autour de l'axe de suspension de manière à rendre minimum la distance qui les sépare.

L'attraction magnétique, comme le montrent les expériences qui précèdent, s'exerce non seulement au contact, mais à distance; nous verrons plus loin que son intensité va en croissant si la distance dimi-

Fig. 3. — Attraction d'un aimant par le fer.

nue, et nous dirons suivant quelle loi. Mais elle s'exerce aussi quand des corps étrangers, solides ou liquides, sont interposés entre l'aimant et le fer, et l'épaisseur de ces corps ne change point l'intensité de l'attraction ou du moins celle-ci n'est modifiée qu'en raison de la distance. Que sur un plateau de bois, sur un disque de carton, de porcelaine ou de cuivre, on projette de la limaille de fer, des aiguilles, des clous, puis qu'on promène au-dessous un aimant, on verra les parcelles et fragments métalliques se mouvoir, se déplacer et suivre tous les mouvements de l'aimant. Enfin l'attraction magnétique a lieu dans le vide aussi bien que dans l'air.

Pendant longtemps on a cru que le fer était la seule substance attirable à l'aimant, la seule *substance magnétique*, pour employer l'expression qui sert en physique à désigner cette propriété. Cependant, avant que l'on connût les procédés d'aimantation, c'est-à-dire les moyens de transformer en aimant un barreau d'acier, quand les seuls aimants connus étaient les aimants naturels, on savait déjà que les morceaux de minerai qui n'attiraient pas le fer étaient cependant eux-mêmes magnétiques, c'est-à-dire attirables aux aimants. Plusieurs autres minerais de fer le sont également.

Depuis, on a reconnu que divers métaux jouissent de la même propriété que le fer et ses oxydes : tels sont le nickel, le cobalt, le chrome. Le cobalt n'est magnétique qu'à la condition d'être bien exempt d'arsenic; quant au chrome, il ne l'est point à la température ordinaire; mais, selon Wöhler, il le devient quand on abaisse sa température à 15° ou 20° au-dessous de zéro. On avait rangé le manganèse parmi les substances magnétiques; mais il paraît certain qu'il ne doit cette propriété qu'au fer qu'il contient; il la perd s'il est complètement purifié.

Il faut bien se garder de confondre les substances magnétiques avec les aimants. Si, comme nous venons de le voir, les aimants naturels ou artificiels et les substances magnétiques s'attirent réciproquement, cela ne veut point dire que les propriétés des uns et des autres soient les mêmes. Il y a une différence capitale, que nous devons dès maintenant signaler : c'est que les substances simplement magnétiques ne s'attirent pas entre elles : un morceau de fer, qui attire un aimant, est sans action sur du fer, du moins s'il n'est pas dans le voisinage d'un aimant.

Il y a encore une autre différence sur laquelle nous devons nous étendre : c'est qu'un morceau de fer subit l'attraction en tous ses points, tandis que dans un aimant la propriété attractive est inégalement distribuée : elle est nulle en certains points et maximum en d'autres. Les expériences qui suivent vont mettre en évidence cette différence caractéristique entre les substances magnétiques et les aimants.

En examinant un aimant qu'on a plongé dans la limaille de fer (fig. 1), on voit que cette limaille, non seulement s'est attachée plus particulièrement en deux régions opposées, mais en outre affecte dans l'arrangement de ses parcelles une direction spéciale, comme si, dans chaque région où l'attraction est la plus forte, il y avait un centre d'attraction. Vers le milieu du barreau, au contraire, on remarque une région où aucune parcelle de fer ne s'est attachée. On nomme *pôles* de l'aimant les deux points extrêmes dont nous parlons, *ligne neutre* la section moyenne de l'aimant. Voici un procédé qui montre d'une façon plus saisissante encore l'existence des pôles et de la ligne neutre. On place sur le barreau qui constitue l'aimant une feuille de carton qu'on saupoudre, avec un tamis, de limaille de fer très fine. On voit alors les parcelles se disposer d'une façon régulière autour des points p et p', qui correspondent aux pôles de l'aimant, et former des files convergentes et symétriques par rapport à la ligne neutre mm' [1] (fig. 4).

1. Pour étudier la disposition de ces files de limaille, de ces *lignes de force* comme il les appelait, Faraday employait la méthode suivante, dont nous empruntons la description à l'ouvrage de Gordon, *Traité expérimental d'électricité et de magnétisme* :

« Prenez une planchette d'épaisseur égale ou supérieure à celle de l'aimant, et incrustez l'aimant dans le bois, de telle sorte que sa surface supérieure se confonde avec la surface

Quelquefois un aimant possède plus de deux pôles : outre les pôles extrêmes dont nous venons de constater l'existence, certains aimants présentent des points intermédiaires où la limaille vient s'attacher, et qui sont d'ailleurs séparés les uns des autres par des lignes neutres, comme on le voit dans le spectre magnétique que représente la figure 4. On les nomme des *points conséquents*.

Il est facile maintenant d'exprimer la différence qui existe entre les aimants et les substances magnétiques. Ces dernières n'ont ni pôles, ni lignes neutres : quels que soient ceux de leurs points qu'on présente aux pôles d'un aimant, il y a toujours réciprocité

supérieure de la planchette. Posez sur le tout une feuille de papier lisse que vous fixez. Puis, avec un tamis ou une passoire, saupoudrez tout le papier de limaille de fer bien fine.

« Lorsqu'une parcelle de limaille tombe près de l'aimant, elle est aimantée par induction, et elle tourne sur elle-même, de telle sorte que son diamètre le plus long coïncide avec la ligne de force qui passe par le point où elle se trouve. Chacun de ces petits aimants attire la parcelle voisine jusqu'à ce qu'il se forme une chaîne continue de limaille, tout le long de chacune des lignes de force. On frappe de temps en temps sur la planchette pour empêcher le frottement de la limaille sur le papier.

« Si l'on veut conserver les courbes obtenues, on pose au-dessus une feuille de carton dont la surface inférieure est gommée. Quand la gomme se sèche, la limaille se colle au carton. Au lieu d'employer du papier, on peut, de préférence, placer l'aimant sous une plaque de verre, et alors il est inutile d'encastrer l'aimant dans une planchette.

« Un bon moyen de préparer ces courbes, pour les projeter à l'aide d'une lanterne magique, consiste à recouvrir une plaque de verre de quelque mastic transparent, qui fond quand on le chauffe. Quand il est tout à fait durci, on place un aimant sous le verre, et on saupoudre de limaille. La plaque de verre est ensuite soigneusement portée dans une étuve, et chauffée jusqu'à ce que le mastic se ramollisse; la limaille pénètre alors dans ce dernier.

« En éloignant la plaque de verre et en la laissant refroidir, les parcelles sont toutes fixées dans leur position. » (*Traduction J. Raynaud.*)

d'attraction, tandis qu'un aimant ne peut agir que par ses pôles. Pour distinguer les aimants des substances simplement magnétiques, on dit des premiers qu'ils sont doués du *magnétisme polaire*. Nous décrirons plus loin, quand nous traiterons de l'action des aimants sur les aimants, d'autres phénomènes qui achèveront de préciser cette distinction.

Fig. 4. — Spectre magnétique. Distribution de la limaille de fer sur un aimant.

Bornons-nous en ce moment à dire que, parmi les substances magnétiques, il en est auxquelles on peut communiquer d'une manière durable, permanente, le magnétisme polaire. C'est ce qui arrive pour le fer trempé, pour l'acier, pour le cobalt et le nickel. Mais généralement ces corps, une fois aimantés, perdent leur propriété quand ils sont exposés à une température plus ou moins élevée. Le nickel perd son magnétisme polaire à la température de 350°, le cobalt à celle du rouge blanc. Cette influence de la chaleur s'exerce aussi sur les corps simplement magnétiques. On doit à Newton d'avoir le premier constaté que le fer cesse d'être attirable à l'aimant quand on le porte au rouge; Barlow a fait voir qu'il en est de même de la fonte chauffée au rouge blanc, et nous avons vu que le chrome n'est pas magnétique à la température ordinaire.

Faut-il conclure de ces faits, comme le pensait Pouillet, que tous les corps deviendraient magnéti-

Fig. 5. — Points conséquents, ou pôles secondaires des aimants.

ques si l'on pouvait abaisser suffisamment leur température? C'est l'expérience qui pourra seule prononcer sur la légitimité de cette hypothèse. Nous verrons plus tard que tous les corps deviennent magnétiques lorsqu'ils sont soumis, dans certaines conditions, à l'action d'aimants d'une grande puissance.

Avant de continuer la description des phénomènes particuliers aux aimants et aux substances magnétiques, phénomènes dont la cause inconnue a reçu le nom de *magnétisme*, jetons un coup d'œil rapide sur l'histoire de l'aimant depuis l'antiquité jusqu'à nos jours.

II

Le magnétisme chez les Anciens.

La propriété fondamentale de l'aimant, celle d'attirer le fer, était déjà connue des Grecs vers le VIIe siècle avant notre ère, puisque Thalès en fait mention : le nom grec de l'aimant naturel était λίθος ἡράκλεια, *pierre d'Hercule*, ou, selon d'autres, *pierre d'Héraclée*. Plus tard, à partir de Platon, un autre nom fut donné à l'aimant, μαγνῆτις λίθος, *pierre de Magnésie* : ce qui a fait supposer qu'il se trouvait en abondance dans les environs de l'une et de l'autre des deux villes de Lydie qui portaient le nom de Magnésie [1]; mais les auteurs anciens ne s'accordent point sur le lieu d'origine de l'aimant : les uns disent la Lydie, d'autres la Troade, d'autres encore l'Inde ou des îles situées entre la Taprobane et la Chersonèse d'Or.

Jusqu'au Moyen Age, les connaissances des Anciens sur les propriétés de l'aimant naturel étaient fort bornées. On savait que cette pierre attire et retient le fer au contact; mais le fait qu'un aimant libre est semblablement attiré par le fer était ignoré; plusieurs philosophes, Diogène d'Apollonie et Démocrite, par exemple, prirent même la peine d'expliquer pourquoi cela n'a point lieu. Aucune notion sur la polarité magnétique des aimants; quelques faits qui semblent dus à cette propriété ont été recueillis, mais sans être compris. Ainsi, d'après Pline, il existait une espèce d'aimant *éthiopien*, qui attirait les autres

1. Cette opinion semblait corroborée par la dénomination de ἡράκλεια λίθος, puisqu'il existait également sur les confins de la Lydie une ville du nom d'Héraclée. Il paraît, d'après M. Th.-H. Martin, que cette opinion, déjà répandue du temps de

aimants. Il appelait *théamède* une autre pierre ayant la propriété de repousser le fer; ce n'était sans doute qu'un aimant ordinaire, auquel on présentait un morceau de fer aimanté. Les Anciens ne savaient point que l'on pût communiquer d'une manière permanente au fer la propriété de la pierre d'aimant. Cependant ils connaissaient l'aimantation au contact, et ils formaient une chaîne magnétique en suspendant des anneaux de fer les uns aux autres à la suite d'un premier anneau en contact avec l'aimant; ils avaient constaté que ce pouvoir du fer cesse aussitôt que cesse le contact. Enfin Claudien dit que l'aimant se fortifie par le contact du fer.

On lit dans le chant VI de *la Nature des choses*, de Lucrèce, ce passage : « Il arrive aussi que le fer fuie loin de l'aimant, car on le voit fuir et le chercher alternativement. » Il semble d'abord que le poète ait eu en vue les phénomènes d'attraction et de répulsion magnétiques; mais la suite prouve que ce qu'il prenait pour de la répulsion n'était autre que l'attraction du fer à distance au travers de corps étrangers. « J'ai vu, dit-il, tressaillir du fer de Samothrace, et de la limaille s'agiter dans des vases d'airain, lorsqu'on mettait dessous la pierre d'aimant : tant il semble que *le fer fuie le contact de la pierre*. » Si Lucrèce

Platon, provenait d'un malentendu, d'une confusion, qui fit aussi donner à l'aimant le nom de *pierre de Lydie*, λίθος λυδία. Enfin les Grecs employaient encore la dénomination de *pierre de fer*, σιδηρῖτις λίθος. Aristote nomme simplement l'aimant ἡ λίθος, c'est-à-dire la *pierre par excellence*. Les Latins le nommèrent *magnes*, d'où dérive notre mot moderne *magnétisme*. Au moyen âge, outre le nom de *magnète*, on se servit pour désigner l'aimant naturel du mot *adamas*, qui était aussi celui du diamant. De là le nom d'*aymant*, puis enfin d'*aimant*. Du reste, les commentaires n'ont pas manqué sur la signification comme sur l'étymologie de ces dénominations diverses. Voir sur ce sujet l'ouvrage de M. Th.-H. Martin, *la Foudre, l'Électricité et le Magnétisme chez les Anciens*.

avait retourné le vase sans cesser de présenter l'aimant au côté opposé, il aurait vu à sa grande surprise les parcelles de fer rester suspendues malgré la pesanteur, et il aurait compris qu'il y avait toujours là un phénomène d'attraction.

La force des aimants, leur puissance portative était parfaitement connue de l'Antiquité. C'était cette propriété surtout qui frappait l'imagination : aussi, en exagéra-t-on démesurément les effets, et, chez les Anciens comme au Moyen Age, les fables les plus invraisemblables eurent-elles cours pendant des siècles. Citons-en quelques-unes. D'après Pline, Ptolémée Philadelphe et son architecte Dinocharès avaient dressé pour la reine Arsinoé le plan d'un temple dont la voûte devait être construite en pierres d'aimant, de façon que la statue de fer de la nouvelle déesse y restât suspendue par le simple contact; Ausone donne le projet comme réalisé. Saint Augustin rapporte que des prêtres païens, pour tromper les peuples, avaient dissimulé des aimants dans la voûte et dans le pavé d'un temple, et la force de ces aimants était calculée de manière à maintenir en l'air et en équilibre une statue de fer qui, ne pouvant ainsi ni monter ni descendre, donnait aux fidèles l'apparence d'un perpétuel miracle. Nombre d'historiens de l'antiquité et du moyen âge ont rapporté des faits semblables, parmi lesquels le plus fameux est celui de la suspension du tombeau de Mahomet à la voûte de la mosquée qui le renfermait.

Des fables d'un autre genre montrent combien les Anciens avaient été frappés par cette vertu mystérieuse de l'attraction magnétique. « Le célèbre astronome et géographe Ptolémée répète, d'après un bruit public, dont au reste il ne garantit pas la véracité, que les vaisseaux qui vont aux îles Manioles y sont retenus par une force mystérieuse, si, dans leur construction, l'on n'a pas eu la précaution de remplacer les clous de fer par des chevilles de bois. Ptolémée se demande si ce phénomène ne serait pas causé par de grandes mines d'aimant situées dans ces îles. » D'après la position assignée aux îles Manioles par Ptolémée, entre Taprobane et la Chersonèse d'Or (Ceylan et la presqu'île de Malacca), elles étaient sans doute comprises parmi les archipels d'Andaman ou de Nicobar. « Suivant Pline, il y a près de l'Indus deux montagnes dont l'une attire le fer et l'autre le repousse, à tel point que si un voyageur a des clous de fer sous ses souliers, sur l'une de ces deux montagnes il ne peut pas poser le pied à terre, tandis que sur l'autre ses pieds restent attachés au sol [1]. » Dans un ouvrage arabe, intitulé le *Livre des merveilles*, il est dit qu'aucun vaisseau garni de clous de fer ne peut passer près d'une montagne située dans la mer, à peu de distance du détroit de Bab-el-Mandeb, sans être attiré et retenu par elle, au point de ne pouvoir plus s'en séparer. Toutes ces fables ne prouvent qu'une chose, à savoir combien l'imagination avait été frappée de cette mystérieuse propriété de l'aimant.

Nous avons vu que les Anciens ignoraient les procédés d'aimantation et ne connaissaient point dès lors les aimants artificiels. Cependant Pline fait observer que le fer, après avoir reçu, au contact de l'aimant, le pouvoir d'attirer le fer, peut le conserver pendant un temps assez long après que le contact a cessé lui-même. Il ajoute que les armes fabriquées avec ce fer, qu'on nommait *fer vivant*, causaient des blessures plus dangereuses que les autres.

En résumé, les connaissances des savants et des philosophes de l'Antiquité ou du Moyen Age sur l'ai-

1. Th.-Henri Martin, *loc. cit.*

mant se bornaient à la propriété attractive de l'aimant naturel pour le fer; la répulsion magnétique ne leur était pas tout à fait inconnue, mais ils l'attribuaient à une espèce particulière d'aimant, ce qui s'explique par leur ignorance absolue de la polarité magnétique. Enfin ils avaient les idées les plus exagérées et aussi les plus absurdes sur la puissance des aimants naturels.

Nous verrons bientôt que la connaissance d'une autre propriété importante se répandit en Europe vers le XIe ou le XIIe siècle de notre ère : c'est celle de la fixité de la direction d'un aimant libre par rapport à l'horizon d'un lieu quelconque. L'usage de la boussole, dont la construction repose sur cette propriété fondamentale, ne fut pas seulement d'un grand secours pour la navigation, pour l'extension des découvertes géographiques, il rendit bientôt possible l'étude plus complète des propriétés de l'aimant, étude qui ne put porter, il est vrai, tous ses fruits qu'après l'introduction de la méthode scientifique d'observation expérimentale. Les Anciens, on le voit par tout ce qui nous reste de leurs écrits, se bornaient à l'observation pure; partant de quelques faits simples qu'elle leur révélait, et que le plus souvent ils acceptaient sur ouï-dire sans les contrôler, ils dissertaient, ingénieusement il est vrai, mais très infructueusement sur leurs causes. Ainsi s'explique le peu de progrès qu'ils firent dans les sciences physiques, et en particulier la pauvreté des données qu'ils avaient recueillies sur l'aimant.

III

Magnétisme polaire.
Attractions et répulsions magnétiques.

Revenons sur les phénomènes de magnétisme polaire que présentent les aimants, soit naturels, soit artificiels. Dans les aimants naturels, les points où l'attraction est prépondérante, autrement dit les pôles, sont en général fort irrégulièrement distribués, ce qui tient vraisemblablement au défaut d'homogénéité de la matière qui les forme. Aussi, pour les expériences propres à mettre en évidence les lois du magnétisme, les physiciens se servent-ils de préférence des aimants artificiels. Ce sont le plus souvent des barreaux prismatiques ou des tiges cylindriques d'acier. Si les précautions convenables ont été prises lorsque ces masses ont été soumises à l'aimantation, ces aimants artificiels ne possèdent que deux pôles, situés à peu de distance de leurs extrémités. On leur donne encore fréquemment la forme de lames minces d'acier, découpées en losanges très allongés; une petite cavité pratiquée à leur milieu permet de les poser sur une tige verticale, sur un pivot, de sorte que ces *aiguilles aimantées* peuvent se mouvoir librement autour du point de suspension, qui est leur centre de gravité.

Prenons une de ces aiguilles ainsi suspendues et abandonnons-la à elle-même. Après un certain nombre d'oscillations d'amplitude décroissante, nous allons la voir se fixer dans une position d'équilibre telle, que l'axe de l'aiguille aura toujours la même direction dans le même lieu, c'est-à-dire fera avec le méridien un angle constant.

Quand nous disons que cette direction sera *toujours* la même, que l'angle de l'axe de l'aiguille aimantée avec le méridien est constant pour un même lieu, nous faisons volontairement abstraction des variations périodiques qu'elle subit, soit dans la même journée, soit dans la suite des temps. Nous n'avons en vue que la direction moyenne dans une période de temps limitée. D'autres aiguilles suspendues de la même manière, et placées à des distances mutuelles assez grandes (fig. 6) pour qu'elles n'agissent pas les unes

Fig. 6. – Direction magnétique de l'aiguille aimantée.

sur les autres, prendront toutes cette direction unique : leurs axes resteront parallèles, et si on les écarte de leur position d'équilibre, elles y reviendront naturellement dès que la cause perturbatrice aura cessé d'agir.

On peut faire l'expérience d'autre façon avec un barreau aimanté suspendu par une chape en carton ou en cuivre à un fil sans torsion. Une troisième manière consiste à poser le barreau ou l'aiguille sur sur un flotteur en liège à la surface d'un vase plein d'eau (fig. 7). L'aimant, après avoir tourné sur lui-même et effectué quelques oscillations autour de son centre de gravité, prendra la direction constante signalée dans notre première expérience.

Cette propriété fondamentale est celle qui sert de fondement à la construction et à l'usage de la boussole : on verra plus loin qu'elle est due à l'action magnétique du globe terrestre, et nous dirons alors ce qu'on sait de l'histoire de sa découverte.

Pour le moment, elle va nous servir à faire une première distinction entre les deux pôles d'un aimant.

Fig. 7. — Direction magnétique d'un aimant flottant.

En effet, non seulement la direction de l'axe d'une aiguille ou d'un barreau aimanté est constante, mais c'est toujours la même extrémité qui se dirige vers le même point de l'horizon. Si l'on fait accomplir à l'aiguille une rotation de 180° autour du point de suspension, de manière que la direction de son axe n'ait pas changé, puis qu'on l'abandonne à elle-même, aussitôt on la voit retourner à sa position première et s'y fixer après une série d'oscillations. Si, comme c'est l'usage, on marque d'un N le pôle qui se tourne vers le nord et d'un S celui qui se dirige au sud, on voit ces deux pôles se placer toujours invariablement de la même manière.

Ainsi, quelle que soit la force directrice qui fait prendre aux aimants libres une orientation constante, elle permet de distinguer entre leurs deux pôles. Nous allons retrouver cette même distinction en étudiant l'action des aimants les uns sur les autres.

C'est au savant anglais Gilbert [1] qu'on doit les premières expériences sur ce point important. Il faisait flotter sur l'eau des aimants dont il avait à l'avance déterminé les pôles, puis il les approchait les uns des autres et il les voyait tantôt se fuir, tantôt se rapprocher, selon les pôles qu'il mettait en présence. On fait aujourd'hui ces expériences de la même façon, ou plus commodément encore, en employant soit une série d'aiguilles aimantées mobiles sur autant de pivots, soit un certain nombre de barreaux suspendus par des fils. Répétons ces expériences par l'un ou l'autre de ces moyens.

Prenons deux barreaux aimantés et suspendons-les à l'aide de fils passant par leurs centres de gravité. S'ils sont d'abord suffisamment éloignés l'un de l'autre, la force directrice dont il vient d'être question les maintiendra parallèles. Approchons maintenant l'un des aimants de l'autre, et présentons en regard les deux pôles qui se dirigeaient vers le nord : on les verra aussitôt s'écarter mutuellement.

Le même phénomène de répulsion aura lieu, si ce sont les deux pôles tournés au sud qu'on met en présence. Au contraire, approchons le pôle nord du premier barreau du pôle sud du second; abandonnés à eux-mêmes, ces pôles s'attirent. La même expérience

1. Célèbre médecin de la reine Élisabeth d'Angleterre, à qui la science est redevable des premières recherches expérimentales sur les propriétés physiques de l'aimant. Il consigna le résultat de ses études et de ses travaux dans un ouvrage qu'il publia à Londres, en 1600, sous ce titre : *de Magnete, magneticisque corporibus.*

se répète plus aisément avec deux aiguilles aimantées suspendues sur leurs pivots.

On peut encore constater les mêmes faits sans avoir préalablement distingué les pôles par la similitude de direction magnétique. Supposons qu'on prenne un certain nombre de barreaux aimantés, et que l'un d'eux MN serve de barreau d'épreuve : en présentant un pôle donné de l'un quelconque des premiers aux deux pôles de celui-ci, il y aura attraction pour l'un, répulsion pour l'autre ; le même phénomène aura lieu pour les pôles de tous les autres aimants. Tous

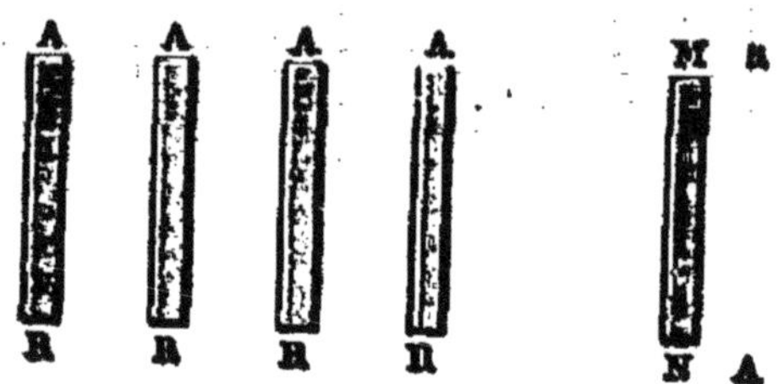

Fig. 8. — Attraction et répulsion des pôles des aimants.

les pôles attirés par le pôle M du barreau sont dits *pôles de même nom*; marquons-les de la lettre A. Tous les pôles repoussés par le même pôle M sont aussi des pôles de même nom, puisque sur eux l'action est de même sens dans les mêmes circonstances; marquons-les de la lettre R. Si maintenant on présente le pôle opposé N de l'aimant d'épreuve à chacun des pôles des autres barreaux aimantés, on trouve qu'il repousse précisément tous les pôles A et qu'il attire les pôles R ; ainsi, de toute façon, les deux pôles opposés d'un même aimant sont des pôles de noms contraires.

Voyons maintenant comment agissent l'un sur l'autre deux pôles de même nom. Approchons l'un de l'autre deux quelconques des pôles A, ou encore deux quelconques des pôles R; dans les deux cas, nous trouverons qu'ils se repoussent. Si, au contraire, on met en présence deux pôles de noms contraires, un pôle A et un pôle R, on remarquera qu'ils s'attirent : ce qui prouve que, dans l'expérience précédente, le pôle M du barreau d'épreuve est de même nom que les pôles R, et le pôle N de même nom que les pôles A.

Résumons tout cela dans un seul énoncé :

Les pôles opposés d'un même aimant sont de noms contraires : si l'action de l'un des deux sur un pôle donné d'un aimant est *attractive*, l'action du second est *répulsive;*

Les pôles de même nom de deux aimants quelconques se repoussent; les pôles de noms contraires s'attirent.

IV

Phénomènes d'induction magnétique. Aimantation par influence.

Si l'on place un morceau de fer au contact d'un aimant, au voisinage de l'un de ses pôles, il acquiert aussitôt le magnétisme polaire, c'est-à-dire devient un aimant lui-même, avec ses deux pôles et sa ligne neutre; autrement dit, il s'aimante. Un second morceau de fer mis en contact avec le premier s'aimante à son tour, et ainsi de suite. On donne le nom d'*influence* ou d'*induction magnétique* aux phénomènes d'aimantation temporaire qui se manifestent de la sorte. Une suite de morceaux de fer qui se supportent ainsi mutuellement au-dessous de l'un des pôles d'un barreau aimanté, forme ce que l'on appelle une *chaîne magnétique*. Nous avons vu que les Anciens connaissaient ce mode d'aimantation, cette communication momentanée de la vertu magnétique.

Chaque élément de la chaîne magnétique forme un

aimant complet, ayant ses deux pôles et sa ligne neutre; dans deux éléments successifs les extrémités en contact sont des pôles de noms contraires. Ainsi s'explique la disposition des parcelles de limaille dans les spectres. Si nous nous reportons en effet aux

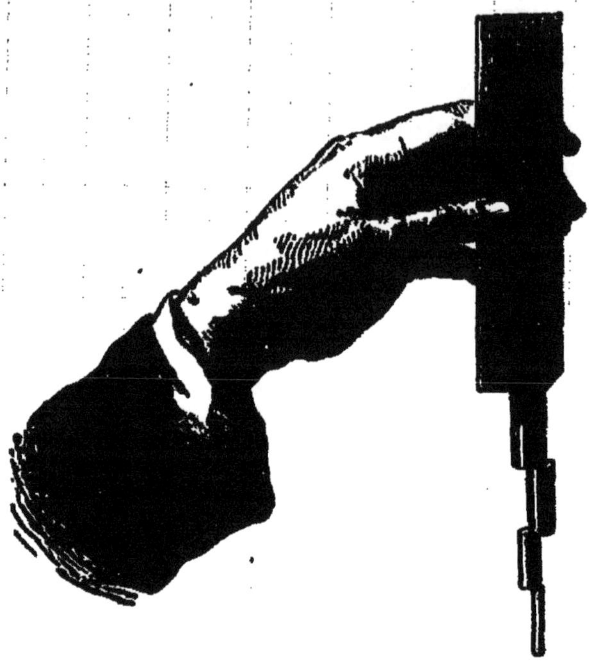

Fig. 9. — Aimantation par influence au contact. Chaîne magnétique.

figures 4 et 5 qui représentent des spectres magnétiques, nous voyons que les parcelles de limaille s'y trouvent disposées en files dont chacune peut être considérée comme une chaîne magnétique : les parcelles en contact avec l'aimant deviennent elles-mêmes autant d'aimants qui attirent les parcelles voisines, leur communiquent le magnétisme polaire et ainsi, de proche en proche, déterminent des attractions nouvelles. On se rend compte par là de la formation de cette série de lignes que Faraday, nous l'avons vu plus haut, appelait des *lignes de force*.

Quand la chaîne est formée, il est aisé de mettre

en évidence l'état magnétique de ses éléments successifs en les plongeant dans la limaille, ou même en obtenant leur spectre. On distingue très bien alors (fig. 10) les aimants temporaires par leurs pôles et leurs lignes neutres.

Fig. 10. — Spectres magnétiques dans les barreaux aimantés par influence.

L'aimantation par influence n'a pas lieu seulement au contact; elle se produit encore à distance (fig. 11

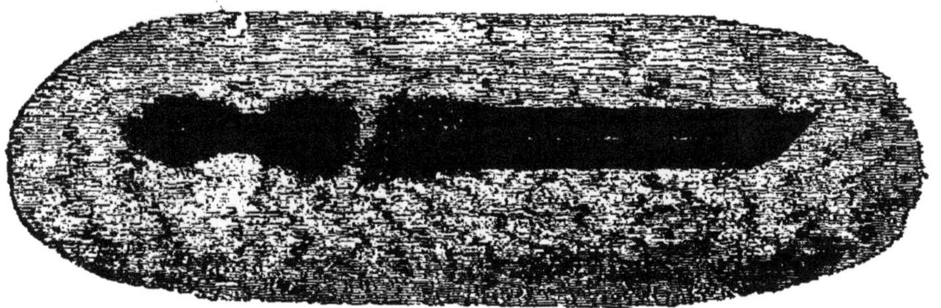

Fig. 11. — Aimantation par influence à distance.

et 12), mais avec d'autant moins d'énergie que cette distance est plus grande; d'ailleurs la limite d'action dépend de la puissance de l'aimant. Dans la succession des éléments de la chaîne magnétique, c'est le premier morceau de fer, celui qui est en contact avec l'aimant, qui reçoit le magnétisme le plus énergique;

l'action aimantée s'affaiblit ensuite à mesure qu'on s'éloigne : un élément quelconque de la chaîne ne peut pas supporter le même poids que le morceau qui le précède.

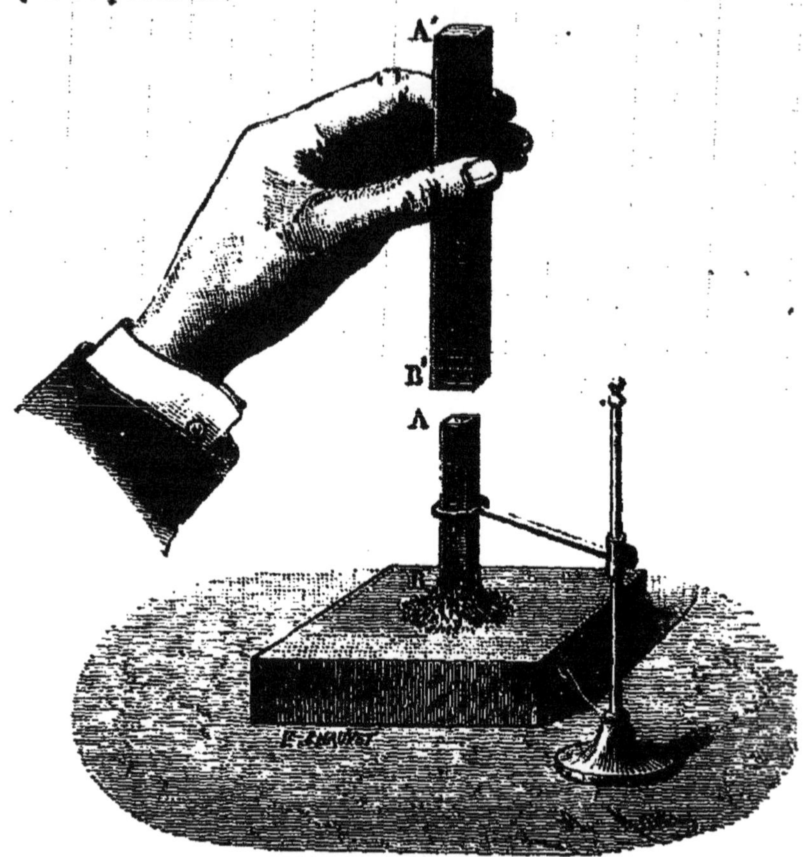

Fig. 12. — Aimantation par influence à distance.

Nous avons dit que l'aimantation par influence est temporaire : cela suppose que le fer approché de l'aimant est du *fer doux*; dans ce cas, ses propriétés magnétiques s'affaiblissent et disparaissent dès qu'on l'éloigne assez pour qu'il se trouve hors du champ de l'action de l'aimant ou, comme on dit, hors du *champ magnétique*. Si, au lieu de fer doux, on se servait d'acier trempé ou même de fer martelé, laminé, passé à la filière, on verrait qu'il s'aimante par influence avec plus de difficulté et une moindre énergie; mais en revanche on constaterait qu'il conserve au moins une partie de ses propriétés magnétiques, lorsqu'il est éloigné du champ; l'aimantation devient dans ce cas permanente. Le nickel et le cobalt, quand ils sont combinés avec une petite quantité de charbon, de soufre, de phosphore, d'arsenic, d'étain, jouissent de la même propriété que l'acier : ils conservent le magnétisme polaire acquis par influence. En décrivant les procédés d'aimantation, nous entrerons sur ce point dans les détails nécessaires.

CHAPITRE II

THÉORIE DU MAGNÉTISME

I

Hypothèse des deux fluides.

Dès que les phénomènes d'attraction et de répulsion magnétiques que nous venons de décrire furent connus et analysés, on chercha à les lier entre eux par une hypothèse propre à donner l'explication des propriétés des aimants et des substances magnétiques, de leurs actions réciproques, de l'existence des pôles et de la ligne neutre, etc. Les Anciens, qui, comme nous l'avons vu, ne connaissaient guère que l'attraction de l'aimant naturel sur le fer, dont les notions en physique étaient d'ailleurs si bornées, ne pouvaient émettre sur la cause de ce phénomène que des opinions confuses [1]. Depuis Thalès, qui supposait l'ai-

1. « Plutarque raconte que, suivant Manéthon, les Égyptiens donnaient à l'aimant le nom d'*os d'Horus* et au fer le nom d'*os de Typhon*, pour représenter la lutte du bon principe et du mauvais, lutte dans laquelle tantôt le bien force le mal à céder, tantôt le mal reprend son cours. En effet, ajoute Plutarque, tantôt l'aimant force le fer à s'approcher de lui et le traîne à sa suite, tantôt le fer s'écarte de l'aimant et semble repoussé en sens contraire. » (H. Martin, *loc. cit.*) Comme le prouve ce passage, les Anciens ont connu certains phénomènes de répulsion magnétique, mais sans se douter qu'ils se produisaient entre un aimant et un autre aimant, c'est-à-dire entre l'aimant naturel et le fer aimanté.

mant doué d'une âme capable de mouvoir le fer, et Claudien, qui regardait le fer comme la nourriture de l'aimant, jusqu'à Lucrèce, qui attribue l'attraction du fer au vide produit, en avant de l'aimant, par les émanations que ce dernier envoie de tous côtés, il n'y a rien qui mérite d'attirer l'attention. Depuis Gilbert, deux ou trois théories du magnétisme ont été présentées, puis abandonnées : celle d'Æpinus, qui admettait l'existence dans les substances magnétiques d'un fluide particulier, agissant sur leurs molécules; celle d'Euler, basée sur les mouvements d'une matière subtile, différente de l'éther, qui circulait d'un pôle à l'autre de chaque aimant, toujours dans le même sens, entrant par l'un des pôles et sortant par l'autre pour revenir sur lui-même : c'est par les actions de ces tourbillons et leurs réactions mutuelles que le célèbre géomètre rendait compte des phénomènes principaux du magnétisme.

L'hypothèse de Coulomb, que nous allons résumer, a prévalu. Mais nous devons prévenir le lecteur que cette théorie n'est rien de plus qu'une manière commode de relier un grand nombre de faits qui, sans cela, resteraient en apparence isolés. Elle n'apprend rien sur la cause des phénomènes, cause qui probablement est la même que celle des phénomènes électriques. Si, comme on est porté à le croire, l'électricité n'est qu'un mode particulier des mouvements de l'éther, et si l'on parvient à définir nettement ce mode, le magnétisme lui-même, on le verra plus loin, se trouvera rattaché à toutes les autres forces physiques : sa théorie ne formera qu'un cas particulier de la théorie universelle.

Coulomb expliquait tous les phénomènes magnétiques par l'existence de deux fluides jouissant de propriétés opposées. Ces fluides sont, suivant lui, distincts de la matière pondérable; ce qui le prouve, c'est qu'un aimant acquiert ou perd ses propriétés spéciales, sans que la matière dont il est formé soit modifiée dans aucune de ses propriétés physiques ou chimiques distinctes de la propriété magnétique. Ainsi, un morceau de fer conserve rigoureusement le même poids, la même constitution chimique avant ou après son aimantation; il en est de même de son volume, si toutefois la température est restée la même.

Les fluides magnétiques sont donc impondérables. Ils existent en quantités égales dans tous les corps magnétiques et s'y neutralisent ou s'y trouvent combinés quand la vertu magnétique ne se manifeste point; au contraire, ils sont séparés lorsque ces corps se trouvent à l'état d'aimantation temporaire ou permanente. Pour expliquer les phénomènes d'attraction et de répulsion, l'existence des pôles, etc., on admet que ces deux fluides s'attirent mutuellement, tandis qu'ils repoussent leurs propres molécules. Pour cette raison, on désigne l'un des fluides par le nom de *fluide positif*, et l'autre par celui de *fluide négatif*.

Dans un aimant naturel ou artificiel, c'est-à-dire dans tout corps doué du magnétisme polaire, les fluides se trouvent séparés, et l'action de chacun d'eux est prépondérante à l'un ou à l'autre pôle, tandis qu'elle est de plus en plus faible quand on s'éloigne de ces points, pour devenir nulle là où existe la ligne neutre. On verra plus loin comment s'explique cette distribution de l'action des fluides. Quand on approche de l'un des pôles d'un aimant un morceau d'une substance magnétique, mais non aimantée, un morceau de fer doux par exemple, le fluide neutre qui se trouve répandu dans toute sa masse subit l'influence du fluide de l'aimant accumulé à ce pôle; ce fluide repousse le fluide de même nom et attire celui de nom contraire. Il y a donc décomposition de fluide neutre et le morceau de fer doux devient ainsi un aimant temporaire, ayant un pôle négatif à l'extrémité en contact avec le pôle positif de l'aimant, un pôle positif à l'extrémité opposée. Le contraire aurait lieu si le fer était mis en contact avec le pôle négatif de l'aimant. Voyons ce qui se passe dans le premier cas. Le fluide accumulé au pôle positif de l'aimant repousse le fluide semblable du fer dans toute la longueur de ce dernier, et en même temps le fluide positif du fer est attiré par le pôle négatif de l'aimant; mais cette répulsion s'exerce à une distance plus petite que ne le fait l'attraction, et c'est pour cela que la répulsion l'emporte, déterminant la formation d'un pôle négatif à l'extrémité du fer qui est en contact avec le pôle positif. Pour une raison toute semblable, il se forme un pôle positif à l'extrémité opposée.

Il résulte de là que, si l'on aimante par influence un morceau de fer doux, puis qu'on approche peu à peu du pôle en contact avec lui un second aimant de même force que le premier, mais disposé en sens contraire, on verra l'aimantation disparaître et le fer se détacher du pôle qui le supportait. L'expérience très simple (fig. 13) qui permet de vérifier cette conséquence de la théorie, se nomme le *paradoxe magnétique*. Cette neutralisation de l'attraction d'un pôle positif par la répulsion d'un pôle négatif peut être mise en évidence avec les deux pôles d'un même aimant, ce qui prouve en outre que l'intensité magnétique est la même à chacun de ces pôles. On prend un ruban d'acier, un ressort de montre aimanté, on le courbe de manière à rapprocher les deux pôles (fig. 14), et, en les approchant simultanément d'une aiguille aimantée, on constate qu'il n'y a plus aucun effet ni d'attraction ni de répulsion.

Deux morceaux de fer de même poids et de même dimension suspendus parallèlement de façon qu'ils se touchent latéralement, s'écartent l'un de l'autre dès qu'on approche de l'une ou l'autre de leurs extrémités communes le pôle d'un barreau aimanté. Tous deux sont à la fois aimantés par influence; mais comme leurs pôles de même nom sont en regard, il

Fig. 13. — Paradoxe magnétique.

y a répulsion des fluides de même nom et, par suite, éloignement des parties voisines des deux lames métalliques.

L'hypothèse des deux fluides doués de propriétés opposées étant admise, il reste à savoir comment a lieu leur distribution dans les substances magnétiques.

Quand un aimant est constitué avec ses deux pôles et sa ligne neutre, on peut faire deux suppositions sur la manière dont les deux fluides séparés se trouvent répartis dans la masse. Avant la théorie de Coulomb, on admettait que chaque fluide se trouve accumulé dans l'une et dans l'autre moitié de l'aimant, avec une tension d'autant plus forte que la région considérée

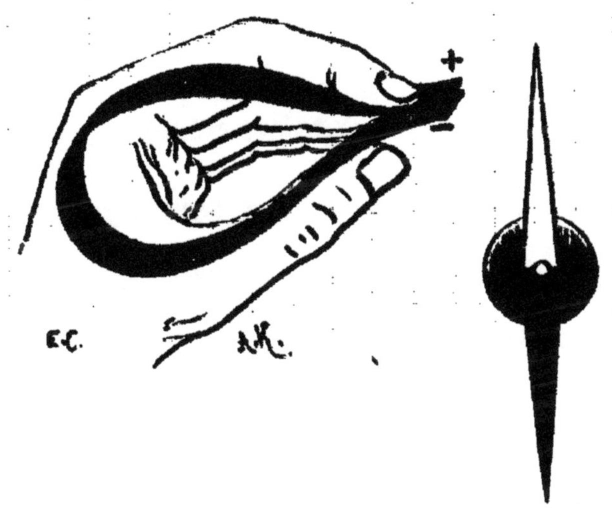

Fig. 14. — Égale intensité magnétique des pôles.

est plus voisine de chaque pôle. S'il en était ainsi, en séparant l'une de l'autre ces deux moitiés, chaque partie ne renfermerait plus qu'une espèce de fluide. Or cela est incompatible avec le fait découvert par Gilbert, que si l'on brise en deux un aimant, chaque fragment devient à son tour un aimant complet, ayant sa ligne neutre et ses deux pôles et renfermant par conséquent en égale quantité chacun des deux fluides, positif et négatif. Prenons un fil de fer aimanté et, à l'aide d'une pince, coupons ce fil en autant de morceaux que nous voudrons : chaque morceau restera un aimant distinct, dont les pôles auront même intensité que les pôles de l'aimant primitif.

De plus, si l'on examine comment sont disposés les pôles dans les fragments (fig. 15), on trouve que les pôles de noms contraires sont situés en regard, c'est-à-

aux extrémités qui, avant la rupture, se trouvaient en contact, de sorte que tous les pôles positifs *a*, *a*... et tous les pôles négatifs *b*, *b*... sont placés du même côté que les pôles semblables de l'aimant primitif.

Il faut donc admettre avec Coulomb que les deux fluides, dans un aimant, se trouvent également distribués dans les plus petites parties de la substance qui le forme. Ces derniers éléments, qui contiennent

Fig. 15. — Division d'un barreau aimanté; disposition des pôles dans les fragments.

chacun en égale quantité l'un et l'autre fluide, sont ce qu'on nomme les *éléments magnétiques*. Il reste à expliquer en quoi les aimants diffèrent des substances magnétiques non aimantées, et aussi à faire voir comment se produisent les pôles, la ligne neutre, les points conséquents.

Pour expliquer, par l'existence des éléments magnétiques, en quoi les aimants peuvent différer des substances simplement magnétiques, il faut admettre que, dans le premier cas, les fluides opposés de chaque élément restent séparés sous l'influence d'une force particulière, à laquelle on a donné le nom de *force coercitive*. Dans les substances non douées du magnétisme polaire, comme le fer doux, la force coercitive n'existe pas; aussi l'aimantation par influence ne subsiste-t-elle que pendant le temps où l'aimant se trouve à proximité ou au contact du fer : alors la séparation des fluides ou leur décomposition dans chaque élément magnétique est due uniquement à l'action des pôles de l'aimant. Aussitôt qu'on éloigne celui-ci, ces fluides se recomposent.

La force coercitive s'oppose, venons-nous de dire, à la réunion des fluides; en général, elle s'oppose à leur mouvement, et par conséquent aussi bien à leur séparation qu'à leur réunion. En effet, les corps susceptibles, comme l'acier trempé, d'acquérir le magnétisme polaire *permanent*, sont à la fois ceux qui s'aimantent le plus difficilement et ceux qui, une fois aimantés, conservent le plus longtemps leur aimantation. Aussi un morceau d'acier trempé subit-il faiblement l'action attractive d'un aimant : la force coercitive qui unit les éléments magnétiques s'oppose à leur séparation.

II

L'action de la Terre sur l'aiguille aimantée peut être considérée comme celle d'un aimant.

La théorie des deux fluides magnétiques de Coulomb rend compte des phénomènes d'attraction des aimants, de leurs actions réciproques, de l'aimantation par influence à distance ou au contact; ou, pour mieux dire, elle est la traduction fidèle de ces phénomènes et des circonstances dans lesquelles ils se manifestent. Il reste à faire voir comment elle explique la direction magnétique.

On a vu qu'un barreau aimanté librement suspendu, ou une aiguille aimantée qui a la liberté de se mouvoir autour de son centre de gravité, se place, après un petit nombre d'oscillations, dans une direction fixe, constante pour un même lieu, ou du moins ne subissant que de lentes variations séculaires ou de légères variations périodiques. Laissons de côté pour le moment ces variations, et voyons quelle peut être l'explication de cette direction constante des aimants.

Mais auparavant revenons sur les faits pour les préciser.

Considérons une *aiguille aimantée* ou un losange d'acier doué de la propriété commune aux aimants, c'est-à-dire ayant un pôle à chaque extrémité et en son centre sa ligne neutre. Un aimant de ce genre suspendu horizontalement par un étrier de papier à un fil sans torsion, ou bien monté sur un pivot à l'aide d'une chape d'agate (fig. 10), de façon à pouvoir tourner librement dans toutes les directions, finit toujours, après quelques oscillations, par prendre dans le plan horizontal une direction déterminée, à peu près invariable, ou du moins qui n'est soumise qu'à des variations de faible amplitude.

Fig. 10. — Aiguille aimantée.

Cette propriété de l'aiguille aimantée de tourner l'un de ses pôles vers l'horizon du nord est utilisée depuis des siècles par les navigateurs. Toutefois ce n'est pas vers le nord même que se tourne l'aiguille, de sorte que le plan vertical passant par ses pôles ne coïncide pas avec le plan méridien du lieu. L'angle de ces deux plans est ce qu'on nomme la *déclinaison de l'aiguille aimantée* ou simplement la *déclinaison*.

Nous avons vu, dans le volume de cette Encyclopédie où il est question du *magnétisme terrestre* [1], que la déclinaison n'est pas la même pour tous les lieux de la Terre, qu'en certaines régions elle est nulle, qu'en d'autres régions elle est orientale et dans d'autres enfin occidentale; mais, dans le même lieu, elle varie avec une grande lenteur, de sorte que, pour une époque et un lieu donnés, on peut la considérer comme constante.

Cette constance dans la direction des aimants librement suspendus dans un plan horizontal peut se constater très simplement à l'aide d'une aiguille à coudre aimantée. En la posant sur un petit flotteur de liège qu'on place sur une eau bien calme, l'aiguille, sans se déplacer horizontalement, tourne sur elle-même et prend la direction que nous venons d'indiquer. Il y a d'ailleurs, rappelons-le, entre les deux pôles de l'aiguille une différence très caractérisée; car si, quand l'aiguille est en équilibre, on la retourne bout pour bout, elle ne conserve pas sa position nouvelle, quand même la direction qu'on lui a donnée est identique avec la première; on la voit alors tourner sur elle-même, décrire une demi-circonférence et reprendre sa position primitive, de sorte que c'est toujours le même pôle qui se tourne du côté du nord.

Si, au lieu de placer l'aiguille aimantée de façon qu'elle puisse tourner librement dans un plan horizontal, on la suspend par son centre de gravité autour d'un axe horizontal, elle pourra tourner ainsi librement dans un plan vertical. Supposons que ce plan soit le méridien magnétique. Alors celui des deux pôles qui se tournait vers le nord s'incline, et plonge au-dessous de l'horizon, faisant avec ce plan un angle qu'on nomme l'*inclinaison magnétique*. En certaines

1. *Les Météores électriques.*

régions de la Terre voisines de l'équateur, l'inclinaison est nulle; elle augmente ordinairement à mesure qu'augmente la latitude, et il y a dans les régions polaires des points où cet angle est droit, l'aiguille aimantée s'y maintenant dans une position verticale. Si l'on passe dans l'hémisphère sud, on recon-

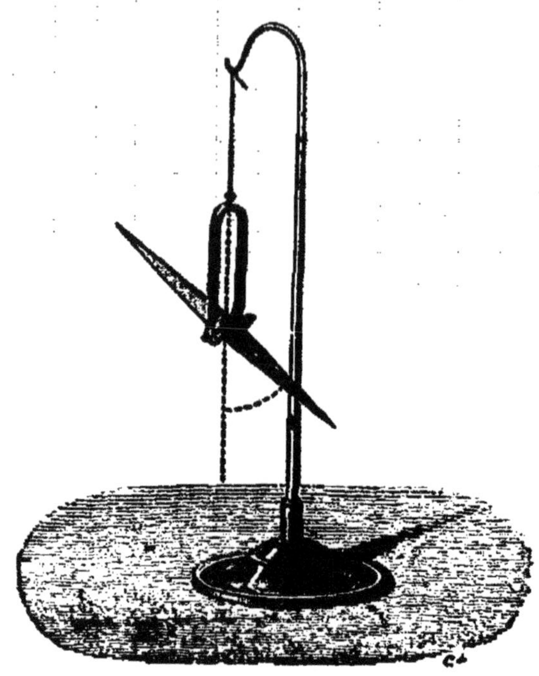

Fig. 17. — Aiguille aimantée donnant à la fois l'inclinaison et la déclinaison.

naît de même qu'à partir des points où l'inclinaison est nulle, elle va en croissant avec la latitude; mais alors ce n'est plus la même pointe de l'aiguille qui s'abaisse vers le sol : c'est l'extrémité tournée au sud qui s'incline à mesure qu'on se rapproche du pôle austral de la Terre.

On peut disposer une aiguille aimantée de façon qu'elle se place d'elle-même dans le méridien magnétique, et s'incline à l'horizon comme nous venons de le dire. La figure 17 montre quelle est cette disposition; l'aiguille aimantée peut, comme on voit, tourner autour d'un axe horizontal passant par son centre, axe qui s'appuie lui-même sur une fourchette suspendue par un fil sans torsion. Le système commence par osciller jusqu'à ce que l'aiguille soit dans le méridien magnétique; là elle reste inclinée d'une quantité constante, formant avec la verticale un angle égal à l'inclinaison du lieu. Les instruments qui permettent de mesurer avec précision l'inclinaison et la déclinaison de l'aiguille aimantée sont des *boussoles*.

On voit par ce qui précède qu'un aimant librement suspendu par son centre de gravité, c'est-à-dire soustrait à l'influence de la pesanteur, prend

Fig. 18. – Direction magnétique par un aimant.

dans l'espace une direction fixe, particulière à chaque lieu, direction qui d'ailleurs, comme nous l'avons dit déjà, peut varier avec le temps.

Quelle est la cause de cette fixité dans la direction de l'aiguille aimantée? On la chercha d'abord hors de la Terre, et Cardan imagina que la force directrice avait son siège dans une étoile de la Grande Ourse; mais à son époque les phénomènes magnétiques n'étaient que très imparfaitement connus. Gilbert formula le premier l'hypothèse, admise encore aujourd'hui, qui assimile le globe terrestre entier à un aimant dont la ligne neutre est aux points où l'inclinaison est nulle, et dont les pôles sont situés dans l'une et dans l'autre des régions polaires de la Terre.

Voici sur quelle série d'expériences est basée cette analogie.

Prenons une aiguille aimantée et plaçons-la successivement aux divers points de l'axe ou de la ligne des pôles d'un fort barreau aimanté (fig. 19) : dans toutes ces positions, l'axe de l'aiguille et celui de l'aimant fixe se trouveront dans le même plan, les pôles de noms contraires tournés du même côté. Si l'aiguille était seule, elle se tournerait dans le méridien magnétique. L'action directrice du barreau l'emporte donc dans ce cas sur l'action directrice de la Terre, en raison de la faible distance des pôles de l'aimant fixe comparée à celle de l'aimant terrestre.

Fig. 19. — Action d'un aimant sur l'aiguille aimantée.

On constate en outre que l'aiguille, si elle est mobile autour d'un axe horizontal, reste parallèle à l'axe du barreau, lorsque son centre est au-dessus de la ligne neutre; qu'elle s'incline vers celui des pôles dont on l'approche, en abaissant vers ce pôle son pôle de nom contraire et que l'angle d'inclinaison est d'autant plus grand que l'aiguille est plus voisine de l'un ou de l'autre pôle (fig. 19).

Les expériences que nous venons de décrire montrent que l'aiguille aimantée se comporte vis-à-vis du globe terrestre, considéré comme un aimant, de la même manière que cette aiguille se comporte elle-même en présence d'un aimant assez puissant et assez voisin pour contre-balancer l'action de la Terre.

Voici d'autres faits qui militent encore en faveur de cette analogie. Un aimant agit sur le fer doux en décomposant par influence le fluide neutre qu'il renferme. L'aimant terrestre a une action semblable sur les barres de fer qu'on place verticalement, et cette aimantation temporaire est la plus forte, si la barre, au lieu d'être verticale, est placée dans le méridien magnétique, parallèlement à l'aiguille d'inclinaison. Nous verrons plus loin comment on peut rendre permanent le magnétisme temporaire que développe cette influence de l'aimant terrestre sur une substance magnétique.

L'action de la Terre sur les aimants est simplement *directrice*; elle ne peut leur imprimer, et ne leur imprime en effet, aucun mouvement de translation. C'est ce qu'il est aisé de constater en plaçant une aiguille aimantée sur un liège qu'on fait flotter. On a déjà vu que l'aiguille se tourne alors dans la direction constante du méridien magnétique du lieu, mais qu'elle n'est entraînée ni dans un sens, ni dans l'autre. Si l'action de la Terre était une force unique, cette expérience prouverait déjà que cette force n'a pas de composante *horizontale*. Elle n'a pas davantage de composante *verticale*, car alors cette composante agirait dans le sens de la gravité et par conséquent altérerait le poids. Or si l'on pèse avec soin un barreau d'acier, puis qu'on l'aimante, on trouvera, après l'aimantation, que le poids n'a ni augmenté ni diminué. Cette expérience, qui réussit dans quelque direction qu'on place l'aiguille, remonte à Gilbert.

L'action directrice de la Terre ne peut dès lors être assimilée qu'à celle de deux forces opposées, parallèles et égales; c'est ce qu'on nomme un *couple*.

III

Loi des attractions et des répulsions magnétiques.

Les aimants agissent les uns sur les autres, soit par répulsion quand on met en présence leurs pôles de même nom, soit par attraction quand ce sont leurs pôles de noms contraires. Le sens des mouvements est donc indiqué par cette première loi des répulsions et des attractions magnétiques; mais cette loi ne dit point comment varient les intensités des forces quand

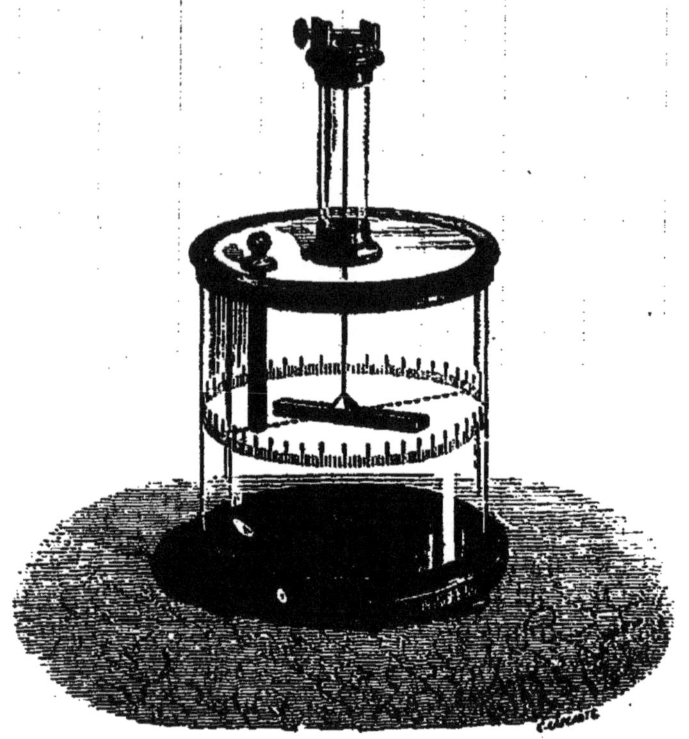

Fig. 20. — Balance magnétique de Coulomb.

on fait varier la distance qui sépare leurs points d'application, c'est-à-dire les pôles des aimants en présence.

Coulomb a réussi à déterminer expérimentalement la loi de ces variations, loi qui avait été d'abord formulée par Lambert, et qui peut s'énoncer ainsi :

Les attractions ou les répulsions que les pôles de deux aimants exercent l'un sur l'autre sont en raison inverse des carrés des distances qui séparent ces pôles.

Pour vérifier l'exactitude de cette formule, Coulomb a employé un appareil analogue à la balance de torsion qui lui avait servi à mesurer les forces électriques et que nous trouverons plus loin : cet appareil est la balance magnétique, que représente la figure 20. Il se compose d'une cage de verre rectangulaire ou cylindrique, portant sur la surface extérieure une bande divisée, dont les divisions représentent des degrés, et servent à mesurer les angles que décrirait une ligne tracée dans son plan et passant par son centre. Un long barreau aimanté se trouve suspendu par un fil dans le plan de ces divisions, de manière que son centre de gravité coïncide avec celui de la circonférence. Le fil de suspension s'engage extérieurement dans un cylindre de verre qui surmonte la cage, et vient s'enrouler dans un petit treuil horizontal supporté par une plaque mobile. Cette plaque elle-même repose à frottement doux sur un micromètre dont les divisions servent à mesurer l'angle de torsion du fil, quand on le fait tourner sur lui-même au moyen de la plaque mobile.

Voici comment on se sert de l'appareil de Coulomb pour vérifier la loi des répulsions magnétiques :

On commence par déterminer la position d'équilibre du fil, celle pour laquelle il n'éprouve aucun effet de torsion. On obtient ce résultat en substituant provisoirement au barreau aimanté un barreau non aimanté de même poids, et en constatant la division du cercle à laquelle il s'arrête. On remet alors en place l'aimant qui, sous l'influence de la force directrice de la Terre, se dispose de lui-même dans le méridien magnétique; cette nouvelle direction fait avec la première un certain angle. Il est clair que si l'on tourne le micromètre de cet angle même, en sens contraire du mouvement qu'a effectué l'aimant, ce dernier reste dans le méridien magnétique, mais le fil a été ramené à sa position d'équilibre, et en ce moment la torsion est nulle.

Cela fait, par un mouvement imprimé au micromètre, on écarte l'aimant de cette position initiale, c'est-à-dire du méridien magnétique; supposons que cet écart soit de 2° et que le micromètre ait tourné de 72° : la différence 70° mesure la force de torsion du fil, laquelle fait équilibre à la force directrice de la Terre. Pour obtenir un écart double, de 4°, il faudrait tourner le micromètre de 144°; la force de torsion serait alors 140°, c'est-à-dire double de la première. En général, Coulomb a trouvé que la force de torsion est proportionnelle à l'angle de torsion [1], et que la force directrice de la Terre se mesure (dans ce cas particulier) par 33 degrés de torsion du fil pour chaque degré de déviation du barreau aimanté. Avec un barreau d'une autre puissance, ce dernier nombre changerait, sans que la proportionnalité cessât d'exister entre la force directrice et l'angle de torsion du fil.

Ces expériences préliminaires réalisées, Coulomb passa à l'étude des influences réciproques des aimants. Le barreau aimanté suspendu étant replacé dans le méridien magnétique, il introduisit, par une ouverture de la face supérieure de la cage, un second barreau aimanté qu'il descendit verticalement de manière à mettre en regard les pôles de mêmes noms des deux aimants. Aussitôt se manifesta la répulsion magnétique : le barreau mobile s'écarta du premier d'un certain angle, soit de 24°. En tournant le micromètre de deux circonférences, Coulomb ramena le barreau à une seconde position, soit à 17° du méridien magnétique; puis, en tournant de nouveau de cinq circonférences, il le ramena à 12°.

1. Plus rigoureusement, proportionnelle au sinus de cet angle; mais pour de petites déviations, au-dessous de 20° par exemple, les angles peuvent être pris pour les sinus.

Dans chacune de ces trois positions, la force répulsive des deux aimants faisait équilibre à deux forces : à la force directrice de la Terre, qu'on obtient en multipliant 35° par l'écart du barreau, et à la force de torsion que mesure la rotation micrométrique, augmentée de la déviation du barreau. On a donc, pour mesurer cette force répulsive dans les trois positions de l'expérience :

1re position....	24 × 35° + 24°	ou	864°
2e position....	17 × 35° + 17° + 1080°	ou	1692°
3e position....	12 × 35° + 12° + 2880°	ou	3312°

Ces trois derniers nombres sont, à peu de chose près, en raison inverse des carrés des nombres 12, 17 et 24, c'est-à-dire des carrés des distances séparant les pôles des aimants en présence. On mesure de la même manière les forces attractives, en plaçant l'aimant vertical de manière que les pôles de noms contraires soient en présence. Seulement alors on doit tourner le micromètre en sens contraire, de façon à éloigner les pôles à diverses distances. La loi qu'on trouve pour les forces d'attraction est encore la même, de sorte qu'on peut donner aux deux lois qu'on vient de constater, cet énoncé commun :

Les attractions et les répulsions que manifestent l'un pour l'autre les pôles de deux aimants sont en raison inverse des carrés des distances qui séparent ces pôles.

Coulomb a encore vérifié par une autre méthode cette loi générale des attractions et répulsions magnétiques. La méthode dont nous parlons est celle des oscillations. Quand une aiguille aimantée est librement suspendue, si on l'écarte de sa position d'équilibre, c'est-à-dire du plan du méridien magnétique, puis qu'on l'abandonne à elle-même, elle oscille comme un pendule. Supposons que l'on compte le nombre des oscillations effectuées par seconde. Si maintenant on place verticalement, dans le méridien magnétique, un aimant dont l'un des pôles soit voisin du pôle de l'aiguille, et qui soit d'une longueur assez grande pour que l'autre pôle puisse être considéré comme n'agissant pas sur l'aiguille, les oscillations de celle-ci augmenteront en nombre. En comparant les carrés des nombres d'oscillations dans ces deux

Fig. 21. — Aiguilles astatiques.

expériences, on aura le rapport des forces magnétiques qui agissent sur l'aiguille aimantée. On répétera l'expérience en plaçant successivement l'aimant à des distances doubles, triples, etc., et l'on comptera à nouveau les nombres d'oscillations. En éliminant la force magnétique terrestre, il restera le rapport entre les forces magnétiques de l'aimant aux distances expérimentées. Or on trouve encore la même loi du rapport inverse des carrés des distances.

On arrive plus simplement au même résultat en se servant d'une aiguille aimantée *astatique*. On nomme ainsi un système de deux aiguilles égales, et possédant la même intensité magnétique, qui sont fixées parallèlement sur une même monture, les pôles semblables tournés en sens contraires (fig. 21). Un tel système est soustrait à l'action directrice de la Terre, qui agit en sens opposés sur les pôles en regard. Dès lors les carrés de ses oscillations en présence d'un aimant mesurent les forces magnétiques de celui-ci, sans qu'on ait besoin d'éliminer l'action de la Terre.

IV

Distribution du magnétisme dans les aimants.

Les deux mêmes méthodes qui ont servi à Coulomb pour établir la loi générale des attractions et des répulsions magnétiques, lui ont permis d'étudier la distribution de la force magnétique d'un aimant, c'est-à-dire la variation de cette force d'un bout à l'autre du barreau aimanté. Soit MO (fig. 22) l'une des moitiés d'un aimant prismatique, ayant de petites dimentions transversales comparativement à sa longueur, M son milieu, ou sa ligne neutre, O l'extrémité voisine de l'un des pôles. Coulomb a reconnu que la force magnétique, nulle au milieu, va en croissant, d'abord très lentement, puis augmente ensuite avec d'autant plus de rapidité qu'on approche plus du pôle. En représentant les forces magnétiques par des ordonnées perpendiculaires à l'axe du barreau, on obtient, pour figurer la loi de la distribution, une courbe telle que MA, dont l'ordonnée maximum correspond à l'extrémité du barreau. Pour un aimant entier, la courbe se composera de deux branches égales le plus souvent, dont l'une devra être portée en sens inverse de l'autre, pour exprimer l'opposition des actions exercées de part et d'autre de la ligne neutre, ou, si l'on veut, la différence spécifique des deux fluides en liberté sur chaque moitié de l'aimant [1].

1. Les spectres magnétiques obtenus à l'aide des parcelles de limaille de fer qui se groupent autour des pôles d'un barreau aimanté, permettent déjà de se faire une idée de la distribution magnétique aux divers points de ce barreau : la convergence des courbes indique nettement la position des pôles ou des points d'application des résultantes des forces magné-

Les pôles n'étant autre chose que les points d'application des résultantes des forces magnétiques sur chaque moitié du barreau, on trouve leur position en projetant sur l'axe le centre de gravité de l'aire de chacune des courbes. Coulomb a trouvé que la courbe de distribution du magnétisme reste la même pour

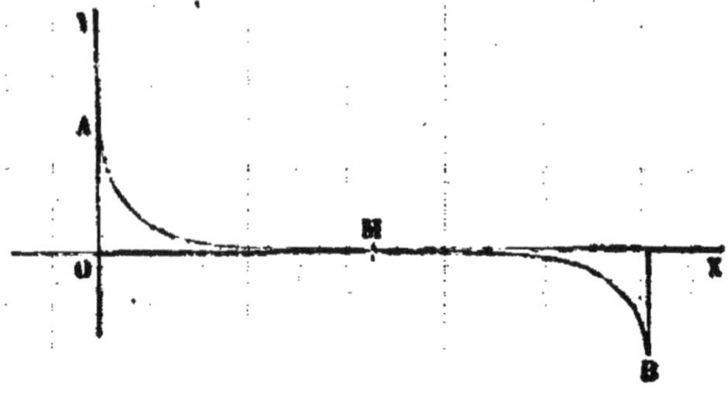

Fig. 22. — Courbe complète de la distribution magnétique.

des aimants de longueur différente, pourvu que cette longueur dépasse 20 centimètres ; mais l'espace neutre où l'intensité magnétique est sensiblement nulle, et qui forme le milieu du barreau entre les deux courbes, est plus ou moins grand : il l'est d'autant plus que la longueur de l'aimant dépasse elle-même davantage 20 centimètres. Il a constaté que, dans les aimants dépassant 20 centimètres, les pôles sont toujours à la même distance des extrémités, distance qu'il a trouvée de 4 centimètres environ. Pour des aimants plus courts, les courbes se réduisent à des lignes droites inclinées sur l'axe et coupant le milieu, et alors les pôles sont situés à peu près au tiers de la moitié de la longueur du barreau.

Dans toutes ces recherches, il s'agit d'aimants cy-

tiques ; les longueurs des files aux divers points de la longueur du barreau sont en raison de l'intensité de ces forces. Mais aucune de ces indications n'a la précision qui résulte des mesures directes effectuées par la méthode de Coulomb ou par d'autres méthodes plus récentes.

lindriques ou prismatiques aimantés régulièrement; quand les aimants ont des points conséquents ou sont de formes différentes, la distribution ne suit plus la même loi. Les aiguilles aimantées en forme de losange ont leurs pôles d'autant plus rapprochés du centre que le losange est moins allongé.

La distribution du magnétisme dans les aimants a été récemment, de la part d'un physicien français, M. Jamin, l'objet de recherches importantes : nous allons essayer d'en résumer les principaux résultats.

Pour mesurer la puissance d'un aimant, M. Jamin emploie une méthode qui « consiste à placer, sur le point qu'on veut étudier, un petit contact d'épreuve en fer doux et à mesurer la force d'arrachement, en grammes, au moyen d'un ressort gradué, que l'on tend peu à peu. Mais comme cette force dépend de la grosseur et de la forme de ce contact, il est nécessaire d'en fixer les dimensions, si l'on veut rapporter toutes les mesures à une unité définie et qui puisse être aisément reproduite. M. Jamin prend pour unité la force correspondant à un fil de fer de 1 millimètre carré de section et d'une longueur indéfinie. Dans la pratique, il se sert d'une petite boule de fer doux suspendue au fléau d'une balance, et qui est mise en contact avec la surface de l'aimant. Sur l'autre bras du fléau agit le ressort que l'on tend, en l'enroulant autour d'un treuil qui porte un cercle gradué, jusqu'à ce qu'il y ait arrachement. On peut mesurer ainsi en chaque point de la surface de l'aimant la force nécessaire pour l'arrachement de la boule de fer doux. C'est ce procédé qui est connu sous le nom de méthode du *clou d'épreuve*. Il permet de construire les courbes de distribution du magnétisme sur un aimant [1]. En for-

1. La force d'arrachement étant proportionnelle au carré de l'intensité magnétique, on passe aisément de l'une à l'autre.

mant des faisceaux d'un nombre croissant de lames[1], M. Jamin a constaté qu'à mesure que le nombre des lames augmente, les courbes s'élèvent; mais leurs deux parties se rapprochent l'une de l'autre et du milieu de l'aimant. A un certain moment, elles se rejoignent au milieu. « A partir de ce moment, dit-il, le faisceau est arrivé à son maximum, un plus grand nombre de lames ne change rien à son intensité en chaque point, et si on le démonte pour étudier séparément chacune des assises qui le composaient, on trouve qu'elles ont perdu une partie d'autant plus grande de leur aimantation première qu'on en avait placé davantage. En résumé, toute addition au nombre limité des lames est en pure perte et ne fait que dépenser inutilement de l'acier. » M. Jamin donne le nom d'*aimant normal* au faisceau ainsi formé. Il possède cette remarquable propriété que la courbe des intensités magnétiques se réduit à une droite, et que les pôles se trouvent au tiers de la demi-longueur. C'est le cas reconnu par Coulomb où les aimants, de 2 lignes (4^{mm},5) de diamètre, n'ont que 5 à 6 pouces (135 à 162 millimètres) de longueur.

Le nombre des lames de l'aimant normal va en croissant avec leur longueur : il est de 3 ou 4 lames pour 100 millimètres; de 6 à 8 pour 200; de 9 à 14 pour 300. Il est difficile de préciser davantage, parce que la force, qui croît rapidement d'abord avec le nombre des lames, n'atteint ensuite que très lentement le maximum.

1. Coulomb et Nobili avaient déjà étudié l'état magnétique des faisceaux formés de lames superposées, et reconnu qu'elles réagissent les unes sur les autres, de sorte que leur force magnétique est loin de croître avec le nombre des lames.

CHAPITRE III

PROCÉDÉS D'AIMANTATION

I

Aimantation par les aimants naturels ou artificiels.

Les substances magnétiques mises en présence ou au contact des aimants acquièrent, par influence, les propriétés du magnétisme polaire. Nous avons décrit les expériences qui le prouvent. Par quels procédés parvient-on à rendre permanentes ces propriétés qui ne subsistent ordinairement que pendant la durée du contact ou de la présence de l'aimant? C'est ce qu'il nous reste à dire.

Dans la théorie des deux fluides, on admet que la séparation des fluides exige l'action d'une force spéciale, dite *force coercitive*. Cette force d'ailleurs s'oppose aussi bien à leur réunion quand ils sont une fois séparés, qu'à leur séparation quand ils sont à l'état neutre. Mais comment naît-elle ou se développe-t-elle? Parmi les substances magnétiques, c'est l'acier fortement trempé qui en est doué au degré le plus élevé; l'acier la perd par le recuit. Le fer doux n'en a point ou n'en possède qu'une très faible; mais si l'on change sa structure par une action mécanique, comme la percussion, la torsion, l'écrouissage, la force coercitive s'y développe, et il peut acquérir un magnétisme polaire sensible. Il est donc probable que l'existence de cette propriété dépend plutôt de la structure du corps, de sa disposition moléculaire, que de sa composition chimique.

Il résulte de là que, pour obtenir des aimants artificiels, on doit employer de préférence l'acier fortement trempé. En soumettant une barre de ce métal à l'influence d'un aimant, le magnétisme qui s'y développera persistera indéfiniment; mais aussi, précisément à cause de l'intensité de la force coercitive inhérente à l'acier, l'aimantation exigera des procédés spéciaux, que nous allons maintenant décrire.

Fig. 23. — Aimantation par le simple contact.

Mettons le barreau d'acier qu'il s'agit d'aimanter en contact, par une de ses extrémités, avec le pôle d'un aimant puissant. Aussitôt le magnétisme se développe : un pôle naît à chacune des deux extrémités du barreau; le premier, au contact de l'aimant, est de sens contraire à celui qu'il touche, l'autre est de même sens. Cette méthode, qu'on peut nommer du *simple contact* (fig. 23), est basée, comme on le voit, sur la décomposition du fluide neutre par l'influence de l'aimant.

La méthode dite de la *simple touche* consiste à mettre le pôle de l'aimant A en contact avec l'une des extrémités *a* du barreau d'acier (fig. 24), puis à le faire glisser d'un bout à l'autre de celui-ci. On répète cette opération plusieurs fois, mais toujours avec le même pôle et dans le même sens. L'extrémité par laquelle on commence le mouvement de friction acquiert un pôle *a* de même nom que le pôle A de l'aimant qui est en contact avec le barreau d'acier.

Que se passe-t-il dans cette opération, et comment peut-on rendre compte du résultat obtenu?

En un point donné du parcours, le pôle A décompose par influence, mais en sens inverse, le fluide neutre du barreau : en face du point de contact se trouve un point conséquent chargé du fluide opposé

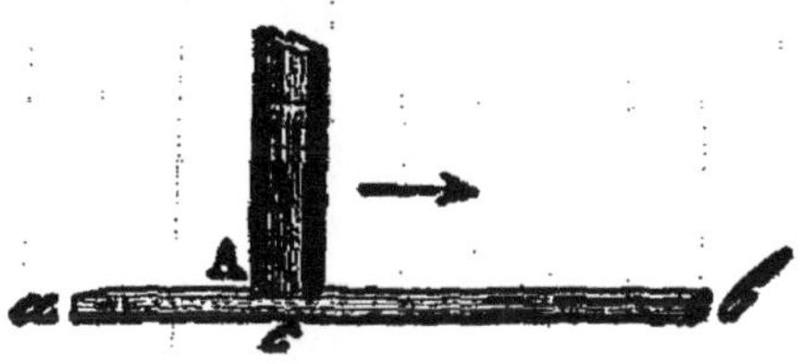

Fig. 24. — Méthode d'aimantation par la simple touche.

à celui de A; et de part et d'autre les éléments magnétiques se trouvent polarisés en sens inverse. Mais aussitôt que l'aimant est arrivé au bout de sa course, la distribution est partout la même : le barreau est aimanté de manière à avoir à gauche un pôle *a* de même nom que A. Une seconde, puis une troisième friction répètent le même effet en l'augmentant. L'aimantation devient de plus en plus forte jusqu'à saturation.

On dit qu'un barreau est *aimanté à saturation* lorsque la quantité de fluide décomposé arrive à la limite que comporte la conductibilité magnétique du barreau. Il peut arriver qu'on dépasse cette limite dans l'opération; mais alors, peu à peu, l'excès de puissance magnétique ainsi obtenu se perd.

La méthode de la simple touche est bonne pour aimanter des aiguilles courtes et un peu épaisses; mais elle est souvent irrégulière et donne des points conséquents. C'était la seule connue vers le milieu du siècle dernier. Divers physiciens, Knight, Mitchell, Duhamel, Æpinus lui substituèrent la méthode de la *double touche*, qui consiste à employer simultanément deux aimants pour obtenir l'aimantation du barreau d'acier.

Le procédé de Mitchell consistait à assembler les deux aimants par leurs pôles contraires tout en séparant ceux-ci par une cale non magnétique, puis à les promener sur le barreau à aimanter (fig. 25). En mettant plusieurs barreaux d'acier à la suite les uns des autres, ce sont les barreaux intermédiaires qui restent le plus fortement aimantés.

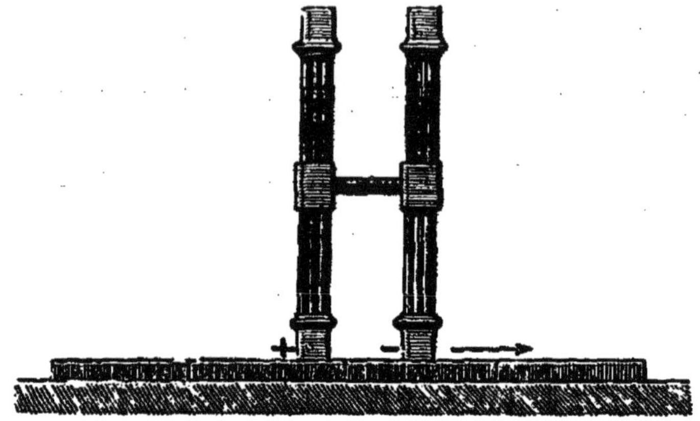

Fig. 25. — Aimantation par la double touche. Procédé Mitchell.

Dans le procédé de Duhamel qu'on nomme aussi méthode de la *double touche séparée*, le barreau à aimanter MN (fig. 26) est posé par ses extrémités sur les pôles contraires de deux aimants [1] puissants, A',B'. On prend alors deux autres aimants, A, B, qu'on incline de 25 à 30° sur le milieu du barreau, en mettant en regard leurs deux pôles contraires, et en ayant soin que chacun de ces pôles soit du côté du pôle du même nom, appartenant aux aimants fixes A'B'. Si l'on fait alors glisser dans un sens opposé,

1. Au lieu de deux aimants, Duhamel mettait d'abord sous le barreau à aimanter deux barres de fer doux.

et à plusieurs reprises en les éloignant du milieu, les aimants mobiles, sans changer leur inclinaison, on développe le magnétisme polaire dans le barreau d'acier, qui acquiert deux pôles, M, N, de noms contraires aux pôles B, B', A, A', des aimants employés.

Fig. 25. — Aimantation par la méthode de la double touche séparée. Procédé de Duhamel.

Le procédé de Duhamel donne l'aimantation la plus complète et la plus régulière : aussi est-il employé de préférence pour aimanter les aiguilles de boussole et les lames dont l'épaisseur est inférieure à 5 millimètres.

La méthode d'Æpinus diffère de celle de Duhamel en ce que les aimants mobiles sont fixés entre eux, comme ceux de Mitchell, mais maintenus inclinés sur la surface du barreau qu'on aimante. L'expérience a montré que le maximum d'effet s'obtient lorsque l'angle d'inclinaison des aimants est compris entre 15° et 20°. Le procédé d'Æpinus est le plus énergique de ceux que nous venons de décrire, mais il a l'inconvénient de donner une aimantation irrégulière, et il arrive fréquemment qu'outre ses pôles principaux, l'aimant obtenu a des pôles secondaires ou des points conséquents.

Tels étaient les procédés connus pour obtenir des aimants artificiels permanents, avant que les phénomènes du magnétisme eussent été rattachés à ceux de l'électricité dynamique. Aujourd'hui on emploie fréquemment les courants électriques qui circulent dans les bobines en fil de cuivre, pour produire l'aimantation permanente d'un barreau : le procédé d'Élias

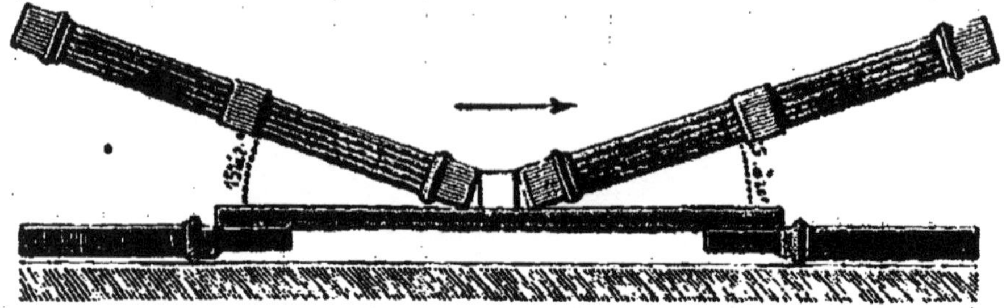

Fig. 27. — Aimantation par le procédé d'Æpinus.

(de Harlem) est le plus employé. Nous le décrirons plus tard, quand nous aurons exposé les faits d'électro-magnétisme sur lesquels il repose.

II

Construction des aimants.
Faisceaux magnétiques. — Armatures.

La puissance des aimants n'est pas en proportion de leur grosseur, ou de leur poids; les plus petits ont la plus grande force relative. Mais si l'on réunit plusieurs barreaux aimantés, en mettant en regard les pôles de même nom, on obtient un aimant dont la force est supérieure ou tout au moins égale à la somme des énergies individuelles des aimants composants. Cet assemblage se nomme un *faisceau magnétique*; c'est Knight qui en a eu le premier l'idée; Coulomb, Scoresby ont étudié les conditions de la construction de ces faisceaux, conditions que M. Jamin, comme nous le verrons bientôt, a heureusement complétées, grâce à ses recherches sur la distribution magnétique.

Colomb a fait voir que les lames dont se compose un faisceau magnétique réagissent les unes sur les autres; il en résulte une altération de l'état magnétique des lames intérieures, et l'énergie totale n'est pas proportionnelle à leur nombre; mais Nobili a trouvé le moyen d'atténuer cet inconvénient en donnant aux barreaux des longueurs différentes, de sorte que leurs extrémités sont disposées en gradins, ou en retraite les unes sur les autres. Enfin Scoresby a reconnu qu'il est avantageux de séparer les lames les unes des autres. La figure 28 montre comment on dispose les lames d'un faisceau magnétique construit d'après les données expérimentales que nous venons d'indiquer sommairement. Il existe à la Société royale de Londres un aimant construit par Knight, qui porte 50 kilogr.; il se compose de 450 lames de 40 centimètres de longueur. A l'origine, ce faisceau était beaucoup plus puissant, mais il paraît qu'il a été altéré par la chaleur à laquelle il s'est trouvé accidentellement porté dans un incendie.

Fig. 28. — Faisceau magnétique formé de 12 barreaux aimantés.

On remarquera, en examinant la figure 28, que les lames du faisceau ont leurs extrémités engagées dans deux masses de fer doux. Ce sont les *armatures* de l'aimant. Le rôle de ces masses est très important. L'action des pôles sur chaque armature est d'y développer par influence un magnétisme contraire, tout en formant à chaque extrémité un pôle de même nom. Par un effet de réaction, le magnétisme du fer doux tend à exciter dans l'aimant une nouvelle décomposition de fluide neutre. L'expérience prouve que les armatures donnent en réalité à l'aimant un magnétisme plus intense, et qui va en croissant jusqu'à une certaine limite.

On emploie souvent des faisceaux magnétiques courbés de manière que leurs pôles opposés puissent être réunis par une même armature. Ce sont les *aimants en fer à cheval* (fig. 29 et 32). On peut aussi réunir deux faisceaux prismatiques en les plaçant parallèlement, de façon que les pôles de noms contraires AB (fig. 30) touchent un contact de fer doux que maintiennent latéralement

Fig. 29. — Aimant en fer à cheval avec son armature et sa charge.

Fig. 30. — Aimant formé de deux faisceaux magnétiques.

deux tiges de cuivre. Une autre pièce de fer doux munie d'un crochet et qui sert d'armature et de portant, réunit les deux autres pôles, comme dans les aimants en fer à cheval.

L'armature, dans ces aimants, sert à mesurer la

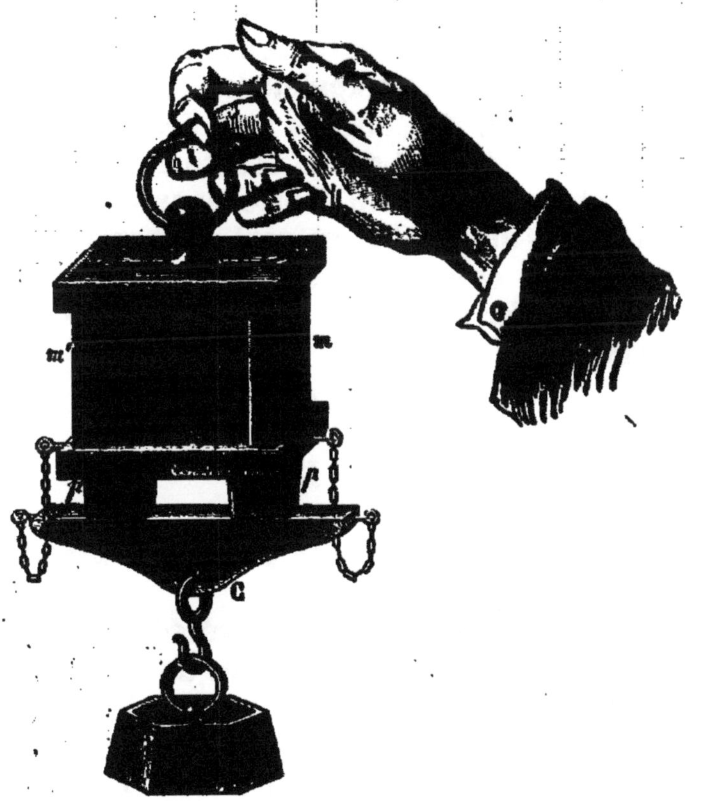

Fig. 31. — Aimant naturel muni de ses armatures.

force portative des deux pôles réunis. On accroche au-dessous un poids, un plateau de balance, et on peut ainsi vérifier ce que nous avons dit plus haut de l'influence des armatures qui augmentent insensiblement la force de l'aimant dont elles unissent les pôles. Tous les jours, on peut ajouter un nouveau poids à celui que l'aimant portait la veille. Seulement, dès qu'on vient à dépasser la limite, l'armature se détachant, l'aimant reprend sa force magnétique primitive, s'il était saturé; dans le cas contraire il conserve seulement une partie du magnétisme qu'il avait acquis.

Jadis on employait fréquemment des aimants naturels, et alors on disposait leurs armatures et leurs contacts comme le montre la figure 31. *mm'* sont des plaques de fer doux appliquées contre les pôles et que terminent des masses plus épaisses *pp'*, qu'on nomme les pieds et où en réalité siègent les pôles. L'armature C s'appuie contre ceux-ci; elle est terminée par un crochet et sert de portant. D'autres plaques en cuivre réunissent et maintiennent les plaques de fer doux *mm'* autour de la masse d'oxyde magnétique.

III

Aimants Jamin. — Force portative des aimants.

Nous avons donné, dans le précédent chapitre, un aperçu sommaire des recherches de M. Jamin sur la distribution du magnétisme dans les aimants, et nous avons dit qu'elles avaient conduit ce savant à de nouvelles règles pour leur construction. Entrons sur ce dernier point dans quelques détails, et indiquons les principaux résultats acquis.

Ayant reconnu que la force d'une lame augmente avec son épaisseur, ainsi que nous l'avons dit déjà, mais moins rapidement que cette épaisseur, M. Jamin a choisi, pour former ses lames minces, des rubans d'acier. En superposant ces lames en nombre suffisant, on arrive à construire des aimants normaux et à atteindre la limite de puissance tout en diminuant considérablement le poids total. C'est ainsi que M. Jamin est parvenu à obtenir des aimants portant vingt fois leur poids.

Le rôle et l'influence des armatures et des contacts ont été étudiés avec soin. Supposons qu'on aimante séparément à saturation un certain nombre de lames, puis qu'on forme un faisceau par leur superposition. On trouvera que le magnétisme du faisceau va en croissant jusqu'à une limite qui est celle de l'aimant normal. Admettons qu'il faille pourcela dix lames. Maintenant, qu'on recommence la même expérience en appliquant les mêmes lames contre deux armatures en fer de grande surface : les intensités croîtront plus lentement; mais, pour arriver à la limite, on devra superposer un nombre plus grand de lames, vingt, trente, quarante, selon la grandeur des armatures. Ainsi la force totale augmente avec les armatures. M. Jamin cite le fait d'un faisceau composé de trois lames, et dont la force portative limite était de 4 kilogrammes environ, lorsqu'il n'avait point d'armatures. Les mêmes lames appliquées à deux armatures de 350 centimètres carrés atteignaient une force portative de 140 kilogrammes. Mais il est essentiel que, au lieu d'aimanter l'acier seul et de l'armer ensuite, on ne procède à l'aimantation qu'après avoir réuni l'ensemble de l'aimant et de ses armatures.

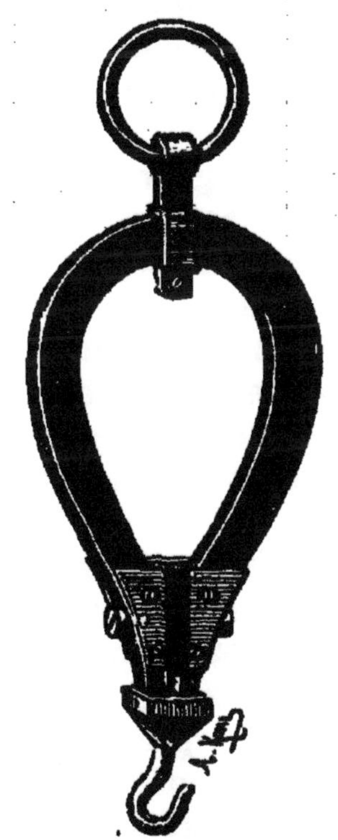
Fig. 32. — Aimant Jamin en fer à cheval.

Voici les conditions qui doivent, selon M. Jamin, présider à la construction de l'aimant le meilleur qui puisse être fait avec des lames d'un acier et d'une longueur donnés :

« 1° Le contact devra dissimuler la totalité du magnétisme répandu sur la surface extérieure de l'aimant. Pour cela il faudra lui donner une masse suffisante;

« 2° Cette masse étant donnée, il faudra réduire la surface d'adhérence jusqu'au moment où l'on verra augmenter le peu de magnétisme libre que l'application du contact laisse sur l'aimant;

« 3° Quand la longueur et la largeur des lames sont déterminées, il faut que leur nombre soit suffisant pour faire apparaître un peu de magnétisme libre sur l'aimant lorsque le contact est placé; si ce nombre est moindre, la limite de force permanente n'est pas atteinte; si on le dépasse, on ne gagne plus rien;

« 4° Les armatures doivent être fortes, bien appliquées, très rapprochées; toutefois il ne faut pas exagérer leur poids. »

Un aimant présenté par M. Jamin à l'Académie des sciences et construit d'après ces conditions est ainsi décrit par son constructeur : « Deux armatures pesant chacune 16 kilogrammes, placées vis-à-vis l'une de l'autre, sont fixées solidairement par des brides de cuivre très résistantes; leur largeur est de 11 centimètres, leurs surfaces polaires horizontales et dirigées vers le bas sont à 12 centimètres de distance, leur épaisseur transverse est de 20 millimètres; elles sont bien dressées et reçoivent un contact cubique de fer doux qui pèse 13 kilogrammes. A partir de ces surfaces les armatures s'élèvent, en s'écartant l'une de l'autre et en s'amincissant, et se terminent par un bord tranchant.

« Elles sont réunies vers le haut par une lame d'acier de $1^m,20$ fixée par des vis sur leur surface extérieure, et qui se recourbe librement suivant la forme déterminée par son élasticité. Toutes les autres lames préalablement aimantées sont mises à l'intérieur de celle-ci, l'une après l'autre; abandonnées à elles-mêmes, elles se collent l'une à l'autre, pendant que leurs extrémités appuient sur les armatures; à mesure que leur nombre augmente, la force portative croît comme il suit :

n Nombre des lames.	F Force portative après le premier arrachement.	F_1 Force portative permanente.	$F-F_1$ Différence.
	Kilogr.	Kilogr.	
20	175	154	21
30	316	280	36
40	460	376	84
45	558	460	98
50	600	475	125
55	680	498	182

« La force portative F, que l'on mesure après le premier arrachement, est toujours plus grande que F_1, qui est la force permanente ; la différence va croissant, d'abord peu rapidement jusqu'à 40 ou 45 lames. A ce moment on voit apparaître une notable quantité de magnétisme libre sur les extrémités de l'aimant et du contact. De 40 à 55, la force F va en augmentant comme nous l'avons expliqué, mais F_1 demeure à peu près constant et atteint environ la limite de 500 kilogrammes, limite que l'on ne peut dépasser dans les conditions d'armatures, de contact et d'acier que l'on s'est données ; en s'arrêtant à 45 lames, le poids total est de 46 kilogrammes, et l'on voit que l'aimant porte 460 kilogrammes ou 10 fois son poids; mais la qualité relative de l'appareil diminue rapidement quand on augmente le nombre des lames au delà, puisque son poids augmente plus rapidement que sa puissance. »

L'expérience et la théorie s'accordent à montrer

qu'il faut donner aux contacts d'un aimant un grand périmètre et une petite longueur; la surface d'adhérence ne doit pas dépasser une certaine limite.

Enfin la qualité des aciers a aussi une importance au point de vue de leur puissance magnétique, ou de la limite de l'aimantation normale qui, nous l'avons

Fig. 33. — Autre forme de l'aimant Jamin.

vu, dépend aussi de la longueur des lames. L'expérience montre que les aciers recuits et courts prennent seulement une aimantation superficielle, tandis que les aciers trempés et longs s'aimantent à peu près uniformément dans toute leur épaisseur. On peut aussi distinguer les aciers trempés, très carburés, qui sont difficiles à aimanter, mais sont très perméables à l'aimantation, des aciers recuits et peu carburés qui s'aimantent beaucoup à la surface et sont très peu perméables dans le sens de la profondeur.

En terminant ce résumé fort incomplet des recherches de M. Jamin, nous donnons ici, dans les figures 32 et 33, deux spécimens des aimants que ce savant a construits selon les indications de la théorie et de l'expérience. Le premier a la forme du fer à cheval ordinaire. Les lames d'acier dont le faisceau est formé sont fortement recourbées et les pôles rapprochés; les armatures en fer doux, séparées par une pièce en laiton, sont fortement vissées entre elles et avec les lames.

Dans la seconde figure, on voit une série de lames rectangulaires s'appuyant par leurs pôles sur deux armatures épaisses de fer doux; le tout est maintenu fortement par des brides en laiton. Le contact est ici une barre prismatique en fer doux. Cet aimant peut porter deux ou trois fois son poids.

IV

Aimantation par la Terre.

Les méthodes d'aimantation qu'on vient de décrire sont toutes basées sur l'action d'un aimant ou barreau aimanté plus ou moins énergique sur des lames de substances magnétiques douées de force coercitive: plus celle-ci est grande, plus l'action de l'aimant doit l'être elle-même, plus elle doit être répétée ou prolongée pour produire dans le corps à aimanter un magnétisme polaire à la fois intense et durable.

On sait que la Terre est un aimant ou, ce qui revient au même, agit comme un aimant. On doit donc pouvoir s'en servir pour aimanter artificiellement des substances magnétiques. Comme ses pôles sont très éloignés et que leur influence est dès lors très faible, cette aimantation ne peut se produire que sur des substances douées d'une faible force coercitive. Ces prévisions se vérifient en effet, et l'expérience prouve que l'action de la Terre peut suffire à communiquer le magnétisme polaire à des masses de fer doux ou même à des barreaux d'acier non trempé.

Si l'on place une barre de fer dans la direction de l'aiguille d'inclinaison, ou même simplement dans le plan méridien magnétique (si elle est verticale, la seconde condition sera nécessairement remplie), alors on pourra constater qu'elle acquiert ainsi un pôle austral à la partie inférieure et un pôle boréal à la partie supérieure. On vérifie le fait en approchant une aiguille aimantée de l'une, puis de l'autre extrémité de la barre; le pôle austral de l'aiguille sera attiré par l'extrémité supérieure et repoussé par l'extrémité inférieure [1].

Cette aimantation cesse dès qu'on ôte la barre du méridien magnétique; mais si, pendant qu'elle est verticale, on frappe l'un des bouts à coups de marteau, son magnétisme devient permanent. Il en est de même toutes les fois qu'on fait subir au fer doux ainsi aimanté par la Terre l'une quelconque des opérations propres, comme les chocs, à développer sa vertu coercitive : la torsion, l'action de la lime, l'oxydation, etc. Ainsi s'explique ce fait bien connu que, dans les ateliers où l'on travaille le fer, un grand nombre d'outils deviennent des aimants. Si l'on tord, en les maintenant dans une position verticale, des morceaux de fil de fer d'égale longueur, chacun d'eux devient un aimant; en les réunissant tous en un faisceau par leurs pôles de même nom, on peut obtenir

1. On s'assure que la barre n'était pas préalablement aimantée, en la retournant bout pour bout tout en la laissant verticale, car alors c'est encore le pôle inférieur qui repousse le pôle austral de l'aiguille aimantée.

des aimants assez puissants. C'est à Gay-Lussac qu'on doit cette dernière observation.

Les barres de fer qui restent longtemps exposées à l'air dans une situation verticale deviennent de véritables aimants. Les pelles, les pincettes, les espagnolettes de fenêtres sont dans ce cas. C'est l'oxydation qui détermine cette aimantation, ou plutôt qui la rend permanente. On attribue à un chirurgien de Rimini, nommé Jules César, la première observation de ce genre, laquelle date de 1590. Les croix qui surmontent les clochers des églises sont dans d'excellentes conditions pour acquérir les propriétés de l'aimant. Gassendi reconnut en 1630 que la croix de l'église Saint-Jean d'Aix, dont le pied était entièrement oxydé et dont la vétusté avait causé la chute, était parfaitement aimantée. L'*Encyclopédie de D'Alembert et Diderot* mentionne comme étant devenues de parfaits aimants les croix des clochers de Delft, de Chartres, de Marseille, etc.

Nous aurons bientôt l'occasion de parler de l'aimantation obtenue par les courants électriques, mais il y a longtemps qu'on sait que la foudre peut communiquer au fer la vertu magnétique. On lit dans l'article *Aimant* de l'Encyclopédie : « Le tonnerre tomba un jour dans une chambre dans laquelle il y avoit une caisse de couteaux et de fourchettes d'acier destinés à aller sur mer ; le tonnerre entra par l'angle méridional de la chambre justement où étoit la caisse ; plusieurs couteaux et fourchettes furent fondus et brisés ; d'autres, qui demeurèrent entiers, furent vigoureusement aimantés, et devinrent capables de lever des gros clous et des anneaux de fer, et cette vertu magnétique leur fut si fortement imprimée, qu'elle ne se dissipa pas en les faisant rougir. »

DEUXIÈME PARTIE

L'ÉLECTRICITÉ

CHAPITRE I

PHÉNOMÈNES GÉNÉRAUX DE L'ÉLECTRICITÉ

I

Attractions et répulsions électriques.

Un morceau de succin ou d'ambre jaune, vivement frotté avec une étoffe de laine, attire de petits corps légers, tels que des brins de paille, des barbes de plume, des fragments de liège, de moelle de sureau, de papier. On voit ces corps se précipiter vers les points de la surface de l'ambre qui ont subi la friction, comme entraînés par une force mystérieuse. Ce fait, connu dès la plus haute antiquité, s'il est vrai que Thalès de Milet, qui vivait 600 ans avant l'ère vulgaire, en ait fait mention, est le point de départ de la science de l'*Électricité*. Mais la propriété de l'ambre, comme celle de l'aimant, est restée pendant plus de deux mille ans une simple curiosité, une singularité de la nature; jusqu'à William Gilbert (1600), personne n'avait songé à en faire l'objet d'aucune étude, d'aucune observation suivie ou méthodique. On dit cependant que quelques auteurs anciens avaient constaté la même vertu attractive dans le jais ou jayet, et aussi dans une substance sur la nature de laquelle on ne s'accorde pas bien, que les Anciens nommaient le *lyncurium*, et qui, s'il n'est pas une variété de l'ambre, est sans doute une tourmaline [1]. Il ne faut donc pas demander aux Anciens d'explication de cette propriété attractive. Thalès donnait, dit-on, une âme au succin, tout comme il en donnait une à l'aimant. Pline le naturaliste se borne à dire que « le frottement donne à l'ambre la chaleur et la vie ».

Vers l'an 1600, Gilbert, à qui la science, comme nous l'avons vu dans la PREMIÈRE PARTIE, doit la découverte de plusieurs des propriétés de l'aimant, reconnut dans le verre, le soufre, les résines et diverses pierres précieuses la propriété attractive de l'ambre. Depuis cette époque, un grand nombre de physiciens étendirent les découvertes de Gilbert, mirent au jour une multitude de phénomènes des plus curieux, jusqu'alors entièrement ignorés, et contribuèrent ainsi à fonder cette branche de la physique qui, sous le nom d'*Électricité*, a pris de nos jours tant d'extension et d'importance. Ce mot d'*électricité* désigne plus particulièrement la cause, aujourd'hui encore inconnue, des phénomènes que nous allons décrire : il est tiré du nom grec de l'ambre jaune, *électron* (ἤλεκτρον) [2].

1. « Dioclès et Théophraste attribuent au *lyncurium* les mêmes propriétés attractives qu'au succin », dit Th.-H. Martin dans son ouvrage *la Foudre, l'Électricité et le Magnétisme chez les Anciens*. « Solin et Priscien, à propos des îles Britanniques, attribuent ces mêmes propriétés au *jayet* (*gagates*), signalé par eux comme un objet précieux qu'on trouve dans ces îles. » (*Ibid.*)

2. L'ambre jaune ou succin est une sorte de résine fossile qu'on trouve en grande abondance sur les côtes de la mer Baltique. Pendant longtemps, on l'employa, à cause de la beauté de sa couleur et de sa transparence, comme objet d'ornement dans les parures et les bijoux de luxe.

Rien n'est plus facile que de produire les phénomènes d'attraction dont nous venons de parler. On prend un bâton d'ambre, de résine ou de verre, et on le frotte vivement mais légèrement avec un morceau de drap. Si alors on présente les parties frottées à des fragments de paille ou de papier, distants du bâton de quelques centimètres, on voit ces fragments

Fig. 34. — Attraction des corps légers.

s'approcher de la surface de l'ambre ou du verre, à peu près comme la limaille de fer est attirée par l'aimant; lorsqu'il y a eu contact, certains d'entre eux restent adhérents au bâton; pour d'autres, l'attraction se change en répulsion, et les corps légers s'éloignent. Quand on promène le bâton frotté à une faible distance du visage, on éprouve une sensation pareille à celle que donne le frôlement d'une toile d'araignée. Si le bâton de résine est un peu volumineux, et que le frottement soit énergique et prolongé, en approchant le doigt presque au contact, on entendra un pétillement sec; et, dans l'obscurité, on verra une étincelle jaillir entre le doigt et la partie la plus voisine du bâton. Tous ces phénomènes cessent si l'on vient à passer la main sur les parties frottées.

Un corps est dit *électrisé* tant qu'il manifeste, à un degré quelconque, les propriétés signalées dans ces expériences; il est à l'*état naturel* quand il ne donne aucun signe d'attraction ni de répulsion.

Ces définitions établies, nous allons reprendre, dans l'ordre où ils ont été découverts, les principaux phénomènes électriques, en insistant sur les circonstances de leur production, et en entrant dans quelques détails historiques sur la découverte de chacun d'eux.

Gilbert n'a connu ni le phénomène de la répulsion électrique qui se manifeste si aisément dès qu'il y a eu contact entre le corps électrisé et le corps léger qu'il attire d'abord [1], ni la réciprocité de l'attraction entre le corps frotté et celui qui a servi à la friction. Cela est d'autant plus surprenant que, pour l'étude de ces phénomènes, il se servait d'aiguilles suspendues sur un pivot comme les aiguilles aimantées. S'il eût suspendu de la sorte une baguette de verre ou de soufre préalablement frottée, il eût reconnu la réciprocité de l'attraction, comme on le fait pour vérifier que le fer doux attire l'aimant. Mais Gilbert a beaucoup étendu la liste des corps susceptibles,

1. La forme des corps attirés influe sur le phénomène. Si l'on a soin d'employer de petits grains arrondis ou des disques, c'est-à-dire des corps dont la surface ne présente aucun angle saillant, aucune pointe, la répulsion a lieu aussitôt après le contact. Si, au contraire, les fragments sont anguleux, s'il s'agit de barbes de plume, de morceaux de papier découpés en pointe, la répulsion ne se produit pas. Nous verrons plus tard la raison de cette différence dans le mode de production du phénomène.

comme l'ambre, de s'électriser par le frottement; à ceux que nous avons déjà cités, il joignit la gomme laque, le sel gemme, l'alun de roche, le cristal de roche. Il reconnut également que l'attraction électrique n'agissait pas seulement sur les fragments de corps légers, mais sur des solides quelconques, sur des gouttelettes liquides, sur les matières gazeuses telles que d'épaisses fumées. Enfin, il reconnut l'influence de l'état atmosphérique sur les phénomènes électriques, qui sont beaucoup plus marqués par les vents secs (ce sont, en Europe, les vents qui soufflent de la région nord-est) que par les vents humides (du sud et de l'ouest).

Boyle constata la réciprocité d'attraction des corps non électrisés pour ceux qui le sont. Une expérience fort simple met en évidence cette réciprocité, qui n'est autre chose qu'un cas particulier du principe de mécanique, que toute action est nécessairement accompagnée d'une réaction. On place sur un pivot vertical une petite aiguille de gomme laque, qu'on électrise en la frottant avec de la peau de chat. En présentant le doigt à une certaine distance de l'une de ses extrémités, l'aiguille est attirée et déviée. Otto de Guericke, à qui l'on doit la première machine électrique à frottement, fut aussi le premier qui observa les phénomènes de répulsion, et qui fit jaillir du globe de soufre de sa machine des étincelles accompagnées d'un pétillement sec constituant le bruit de la décharge électrique. Il y avait loin, on en conviendra, de ces premières et bien modestes expériences à la production des vives lumières qui constituent l'arc voltaïque, le plus puissant des procédés artificiels d'éclairage. Les expériences du célèbre bourgmestre de Magdebourg datent du milieu du XVIIe siècle. Au commencement du XVIIIe siècle, qui devait voir se produire tant de brillantes découvertes en électricité, un physicien anglais, le docteur Wall, réussit à produire de plus vives étincelles et de plus forts craquements; aussi eut-il comme le pressentiment de la grande découverte qui illustra Franklin : « Cette lumière et ce craquement, dit-il, sont en quelque sorte la représentation du tonnerre et de l'éclair. » L'analogie, en effet, était frappante et ne tarda pas beaucoup d'être vérifiée et confirmée.

Outre des expériences fort intéressantes sur la lumière qui se produit dans le vide ou dans un milieu raréfié, lorsqu'on y introduit des corps et qu'on développe à leur surface de l'électricité par le frottement, ou lorsqu'on frotte extérieurement le globe de verre à l'intérieur duquel on a fait le vide, on doit au physicien Hauksbee de nombreuses observations de phénomènes électriques. Il constata notamment l'influence de la chaleur sur le développement de la force attractive ou répulsive. Les attractions et les répulsions de morceaux de clinquant par un tube de verre fortement frotté avec du papier furent trouvées par lui d'autant plus énergiques que le tube avait été plus échauffé par la friction. L'influence de l'humidité de l'air et celle de sa température, que Gilbert avait déjà reconnues, furent mises hors de doute par les expériences d'Hauksbee, de Dufay, de Gray. On lit dans les *Expériences physico-mécaniques* du premier de ces savants : « Quand le tube est porté par le plus violent frottement à un degré de chaleur très considérable, la force des *effluvia* devient sensible au tact; non seulement ils produisent alors, d'une manière plus remarquable, tous les effets dont nous avons parlé (les mouvements d'attraction et de répulsion), mais on peut encore sentir leur action sur le visage ou sur quelque autre partie délicate du corps, lorsqu'on en approche le tube frotté. Il semble qu'alors ces *effluvia* frappent de petits coups sur la peau, et qu'ils y produisent une sensation semblable à celle qu'exciteraient des cheveux très fins et très souples qu'on pousserait contre la peau. » On a comparé, nous l'avons dit plus haut, la sensation mentionnée par Hauksbee à l'impression d'une toile d'araignée ; on peut dire encore à celle d'un duvet de plume, ou d'une enveloppe de coton légèrement cardé.

II

Conductibilité électrique.

Les expériences que nous avons rapportées dans le précédent paragraphe semblèrent d'abord prouver que les corps doivent se ranger en deux classes distinctes, selon qu'ils sont ou non susceptibles de s'électriser par le frottement. La première classe, qui était à l'origine réduite à l'ambre et au jais, puis au soufre, etc., comprit bientôt, il est vrai, un assez grand nombre d'autres substances ; mais d'autres, beaucoup plus nombreuses, résistèrent longtemps aux tentatives que firent les physiciens pour en tirer des symptômes de la propriété électrique : les métaux, les pierres, la plupart des matières végétales et animales, le corps humain notamment, ne donnaient pas, quand on les soumettait au même genre de friction, les mêmes phénomènes d'attraction ou de répulsion que les corps de la première classe. Aussi donna-t-on le nom d'*idio-électriques* à ces derniers, tandis qu'on appelait *anélectriques* les corps qu'on n'avait pu réussir à électriser par le frottement. Cette distinction parut d'autant plus naturelle qu'elle fournissait une analogie frappante entre les phénomènes du magnétisme et ceux de l'électricité, et qu'elle correspondait à la division des corps en *magnétiques* et *non magnétiques*, selon qu'ils sont ou non susceptibles d'aimantation, soit temporaire, soit permanente.

Mais la découverte de la *conductibilité électrique*, faite au commencement du XVIIIe siècle par Stephen Gray, en donnant la raison de la différence qui existe entre les deux classes de substances, mit bientôt sur la voie de cette vérité générale, à savoir que tous les corps sans exception sont susceptibles d'être électrisés, et que la différence d'abord signalée tenait uniquement aux conditions particulières dans lesquelles les expériences étaient effectuées.

Décrivons rapidement les faits qui ont conduit Gray à cette découverte importante.

Ayant électrisé à la manière ordinaire un tube de verre dont les deux orifices étaient clos par des bouchons de liège, il remarqua avec surprise que le liège, qui n'avait pas été frotté, attirait, puis repoussait les corps légers, comme le faisait le tube lui-même. Ainsi la vertu électrique s'était communiquée du verre au liège. Gray poursuivit cette expérience, allongea les bouchons par des tiges d'ivoire, de bois, de métal et constata encore les phénomèmes à l'extrémité de ces tiges, qui se terminaient par une boule d'ivoire. Suspendue en dehors d'un balcon, par une longue ficelle enroulée autour du tube, la boule se montra pareillement électrisée. Il varia ces expériences de diverses manières et put constater que la vertu électrique se communique à des distances de plus en plus grandes : c'est ainsi qu'il la trouva sensiblement la même à l'extrémité d'une corde qui mesurait 765 pieds. Mais, pour réussir, Gray remarqua que certaines conditions devaient être remplies : la corde qui transmettait l'électricité devait être suspendue par des cordons de soie; elle ne donnait plus aucun signe d'électrisation dès qu'à la soie il substituait des fils métalliques. Une dernière expérience de Gray, qu'on répéta bientôt dans tous les cabinets de physique, en lui prouvant que le

Fig. 35. — Expériences de Gray sur la conductibilité électrique.

corps humain conduit l'électricité, nous fournit l'explication de l'impossibilité où l'on avait été jusqu'alors

Fig. 36. — Conductibilité électrique du corps humain. Expérience de Gray.

d'électriser toute une série de corps, tels que les métaux. Ayant en effet suspendu un enfant à l'aide de cordes de crin, ainsi que le montre la figure 36, puis l'ayant touché avec son tube de verre électrisé, il constata que toutes les parties du corps de l'enfant, son visage, ses mains et même ses vêtements avaient acquis la propriété d'attirer, puis de repousser les corps légers qu'on en approchait. Les mêmes effets se produisaient quand, au lieu de suspendre le corps de l'enfant, on le plaçait sur un tabouret formé d'une substance *idio-électrique* (selon l'expression de l'époque), par exemple, si ses pieds reposaient sur un gâteau de résine (fig. 37).

Fig. 37. — Conductibilité électrique du corps humain.

De ces expériences, que les physiciens varièrent ensuite de toutes les façons, il résultait deux faits de la plus haute importance : le premier, que l'électricité développée par le frottement est susceptible de se transmettre à distance, pourvu que les corps intermédiaires chargés de la transmission soient du nombre de ceux qu'on ne pouvait électriser lorsque, en les frottant, on les tenait à la main; le second fait, corrélatif du premier, c'est que la transmission ne se fait pas ou se fait difficilement par l'intermédiaire des corps qu'on était parvenu à électriser directement à l'aide des procédés adoptés jusqu'alors.

De là on conclut d'abord que tous les corps peuvent

se ranger en deux catégories ou classes, selon qu'ils sont aptes ou non à transmettre ou à conduire l'électricité à distance. La première classe fut celle des corps *conducteurs*, la seconde celle des *non-conducteurs* ou *insolants*. Cette dernière dénomination est relative à la propriété des corps non conducteurs de s'opposer à la déperdition rapide de l'électricité, lorsque le corps électrisé, étant conducteur lui-même, ne se trouve mis en communication avec le sol que par l'intermédiaire d'un corps non conducteur.

La découverte de la *conductibilité électrique* et des conditions dans lesquelles elle a lieu, ainsi que la distinction à laquelle elle conduisit et que nous venons de mentionner, menèrent à d'importantes conséquences, que l'expérience justifia aussitôt. Entrons à ce sujet dans quelques détails.

Le verre, l'ambre, la résine, etc., étant des corps mauvais conducteurs, l'électricité ne doit se développer que dans les parties frottées, et c'est aussi ce que l'observation constate. Mais si on les touche avec la main, qui est, comme tout le reste du corps, un bon conducteur, l'électricité se répand dans ce dernier, puis dans le sol et disparaît; toutefois seulement aux points où le contact a eu lieu. Nous avons vu qu'elle disparaît totalement si l'on passe la main sur toute la surface du bâton électrisé. Quand on frotte un cylindre métallique, on comprend donc pourquoi aucun signe d'électricité ne se manifeste; en effet, les métaux étant d'excellents conducteurs, s'il y a de l'électricité produite, elle se répand instantanément sur toute la surface du métal, et, par l'intermédiaire du corps de l'opérateur, dans le sol. Ce qui le prouve, c'est que si l'on adapte au cylindre métallique un manche formé d'un corps mauvais conducteur, de verre par exemple (fig. 38), et si l'on tient ce manche d'une main, pendant que de l'autre on frotte le métal, celui-ci s'électrise et acquiert les propriétés que nous avons décrites plus haut comme appartenant au verre, à la résine, à l'ambre. C'est pour cette raison qu'on donne le nom de *corps isolants* aux substances qui conduisent mal l'électricité. En isolant un corps quelconque, on reconnait qu'il est susceptible de s'électriser par le frottement.

On peut répéter sous une multitude de formes ces dernières expériences. Une personne que l'on fait monter sur un tabouret soutenu par des pieds de

Fig. 38. — Électrisation d'un métal.

verre, s'électrise quand on la frappe avec une peau de chat : en approchant le doigt d'une partie quelconque de son corps on peut en tirer des étincelles; et pendant tout le temps que dure l'électrisation, elle éprouve elle-même sur le visage la sensation singulière que cause l'approche d'un bâton électrisé. Nous avons cité plus haut la première expérience, due à Gray, qui ait établi la conductibilité électrique du corps humain. C'est un physicien français, Dufay, membre de l'Académie des sciences, qui en tira la première étincelle. « S'étant suspendu à des cordons de soie et s'étant fait électriser, il remarqua que, si une autre personne approchait la main à petite distance de son visage, il éprouvait une petite douleur semblable à une piqûre d'épingle, et que la personne qui avait approché la main recevait la même impression; qu'il se produisait en même temps un petit craquement et une lueur dans l'obscurité. »

Gray reprit les expériences de Dufay, et, à son tour, il reconnut que l'on peut tirer des étincelles d'autres corps isolés que l'on a électrisés par le contact d'un tube de verre : si ces corps sont terminés en pointe, on voit à l'extrémité un cône lumineux qu'accompagne un léger bruissement. A cette occasion, Gray répéta la comparaison déjà faite par Wall entre l'étincelle et le pétillement électrique et l'éclair suivi du coup de tonnerre

L'eau est un corps bon conducteur. A l'état de vapeur, elle possède la même propriété. Voilà pourquoi on doit avoir grand soin, quand on cherche à développer l'electricité sur un corps, non seulement de l'isoler s'il est bon conducteur, mais d'essuyer et de sécher le manche ou les supports de verre, ou de tout autre isolant. Voilà pourquoi aussi l'électricité se produit avec plus de facilité par les temps secs que par les temps humides : la chambre où l'on opère doit donc, autant que possible, avoir été préalablement desséchée, de sorte que l'air qu'elle contient ne renferme que très peu de vapeur d'eau. Pour éviter la déperdition de l'électricité par les supports isolants en verre, qui sont généralement employés, on les recouvre d'une couche de vernis à la gomme laque, dont la surface n'est pas hygrométrique comme celle du verre.

En résumé, les diverses substances peuvent être rangées d'après leur ordre de conductibilité en deux classes, celle des bons et celle des mauvais conducteurs ou isolants; mais dans chacune d'elles la propriété conductrice affecte des degrés différents, de sorte qu'aucune substance n'en est absolument dépourvue et qu'on peut former une troisième classe, composée des corps dont la conductibilité est intermédiaire entre celle des extrêmes : ce sera celle des corps semi-conducteurs. Le tableau suivant donne un certain nombre de substances rangées dans l'ordre de leur conductibilité décroissante :

CORPS CONDUCTEURS[1]

Métaux usuels.	Dissolutions salines.	Végétaux vivants.
Charbon calciné.	Eau de mer.	Organes des animaux.
Graphite.	Eau de source.	Sels solubles.
Acides concentrés.	Eau de pluie.	Toile.
Acides étendus.	Neige.	Coton.

CORPS SEMI-CONDUCTEURS

Alcool.	Fleur de soufre.	Papier.
Éther.	Bois sec.	Paille.
Verre pulvérisé.	Marbre.	Glace à 0°.

ISOLANTS

Oxydes métalliques secs.	Essences.	Mica.
Huiles grasses.	Porcelaine.	Verre.
Cendres végétales et animales.	Végétaux desséchés.	Agate.
Glace à — 20°.	Cuir.	Cire.
Phosphore.	Parchemin.	Soufre.
Chaux.	Papier sec.	Résines.
Craie.	Poils.	Ambre.
Poudre de lycopode.	Plumes.	Gomme laque.
Caoutchouc.	Laine.	Air et gaz secs.
Camphre.	Soie teinte ou écrue.	
	Pierres précieuses.	

Le tableau qui précède, où nous venons de dire que les différents corps, solides, liquides, gazeux, se trouvent rangés dans l'ordre décroissant de leur conductibilité, prouve bien que cette propriété varie avec la nature des substances; mais il montre aussi qu'elle dépend d'autres conditions, dont nous allons dire un mot. Le charbon calciné, le graphite sont bons conducteurs; le diamant, qui est du carbone pur, est

1. Ce tableau, que nous empruntons en grande partie à l'excellent *Traité d'Électricité statique* de M. Mascart, est tiré du volume *Electricity* de l'*Encyclopedia metropolitana*. (London, 1830.)

parmi les isolants : chimiquement cependant ce sont les mêmes substances. Une remarque analogue se peut faire pour la fleur de soufre et le soufre solide, pour le verre pulvérisé et le verre; pour les végétaux vivants, qui sont conducteurs; le bois sec et les végétaux desséchés, qui sont des conducteurs médiocres ou mauvais; pour l'eau, qui est éminemment conductrice à l'état liquide, qui perd de sa vertu quand elle est à l'état solide à 0°, et qui, refroidie à 20 degrés au-dessous de zéro, devient un isolant.

Ainsi l'état moléculaire, la division plus ou moins grande des corps, leur état de sécheresse ou d'humidité, leur température enfin, paraissent autant de conditions qui favorisent ou empêchent la facile transmission de l'électricité à travers la substance. L'eau étant un bon conducteur, on comprend, comme nous l'avons déjà dit plus haut, que les corps qui, parfaitement secs, seraient isolants, ne le sont plus dès qu'ils sont imprégnés d'humidité, ou même simplement recouverts d'une couche invisible de vapeur d'eau : de là la nécessité des précautions plus haut mentionnées pour les expériences d'électricité. La chaleur a aussi une certaine influence sur la conductibilité, qui s'accroît avec l'élévation de température. En chauffant le verre d'une bouteille, Canton constata que l'électricité passait à l'intérieur; à la température de 200 degrés centigrades, le verre, qui est un des meilleurs isolants lorsqu'il est sec et à la température ordinaire, devient aussi bon conducteur que les métaux. Il en est de même des vapeurs et des gaz. En plaçant un corps électrisé au-dessus et à une distance de 1 à 2 mètres de la flamme d'une lampe à alcool, en contact avec le sol, on voit tout signe d'électricité disparaître : l'électricité du corps a été conduite au sol par l'intermédiaire de la colonne d'air chaud dont la flamme était nécessairement surmontée. Si la lampe était isolée du sol, on constaterait que la flamme est devenue électrique et qu'elle attire les corps légers qu'on lui présente.

Nous pouvons compléter maintenant ce que nous avons dit de la faculté qu'ont tous les corps, quels qu'ils soient, de s'électriser par le frottement. Pour les solides, il n'y a rien à ajouter, la seule précaution à prendre pour qu'ils donnent les signes ordinaires de l'électrisation étant de les isoler s'ils sont conducteurs. Si l'on agite du mercure dans un tube de verre, on aperçoit une lueur à l'intérieur du verre, qui est électrisé. Il en est de même si l'on déplace brusquement le niveau du mercure d'un baromètre, ou si l'on fait l'expérience de la pluie de mercure dans le vide. Nous verrons plus loin qu'on a construit une machine électrique où l'électricité se développe par le frottement de jets de vapeur condensée sur une lame de buis. Ces expériences prouvent que le frottement des liquides contre les solides détermine la production d'électricité. Il en est de même du frottement des gaz; ainsi une lame de verre, une vitre devient électrique, lorsqu'on dirige à sa surface le courant d'un soufflet. Il ne paraît pas douteux que le frottement des liquides ou des gaz les uns sur les autres ne les électrise également; mais on ne paraît pas avoir fait encore sur ce point d'expériences directes.

III

Attractions et répulsions électriques. — Les deux électricités.

Revenons maintenant aux phénomènes d'attraction et de répulsion électriques, et étudions-les avec plus de détails.

Nous nous servirons pour cela d'un appareil fort

simple, auquel on donne le nom de *pendule électrique* (fig. 39). C'est une petite balle de moelle de sureau suspendue par un fil de soie à un support, et par conséquent isolée, puisque la soie est un corps mauvais conducteur.

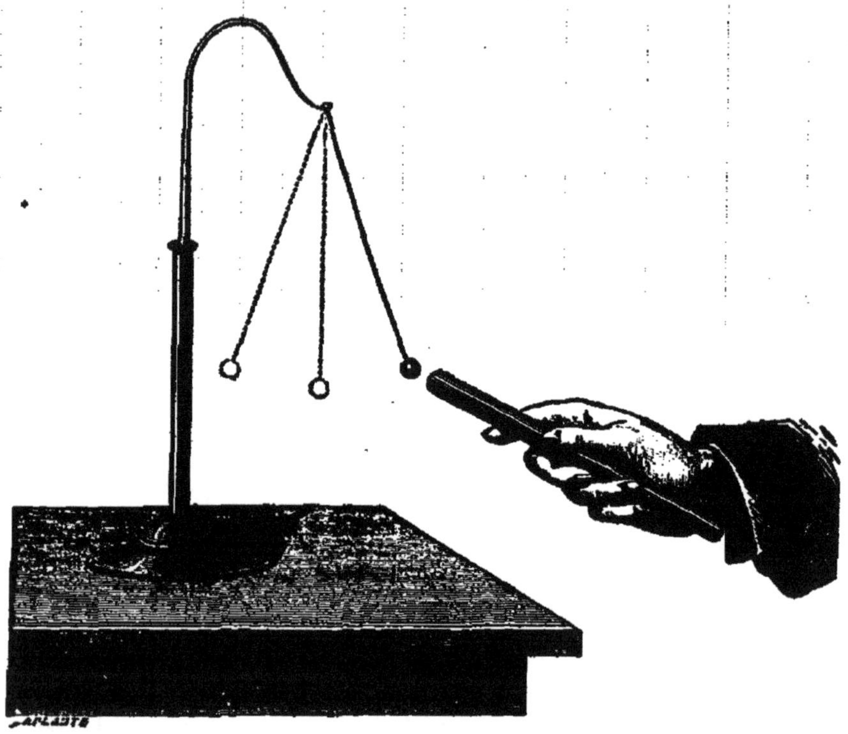

Fig. 39. — Pendule électrique. Phénomène d'attraction et de répulsion.

En approchant de la balle un cylindre de résine électrisé, nous savons qu'il y aura d'abord attraction. Mais, aussitôt que le contact aura eu lieu, la balle s'éloignera de la résine : elle sera repoussée, alors même que le bâton de résine en serait approché de nouveau. En cet état, la balle de sureau est électrisée : ce qu'il est facile de constater en lui présentant le doigt, car alors elle est attirée; ou en la touchant avec la main, car après ce contact elle n'est plus ni attirée par le doigt, ni repoussée par le bâton de résine : l'électricité qu'elle possédait s'est écoulée dans le sol par le corps de l'opérateur. Si, au lieu de se servir d'un bâton de résine, on emploie un cylindre de verre électrisé, les mêmes phénomènes se manifestent dans l'ordre où nous venons de les décrire : il y a attraction et contact, puis répulsion. Jusque-là, rien ne montre une différence entre l'électricité développée sur la résine et celle obtenue sur le verre, quand on frotte ces deux corps avec une étoffe de laine. Mais supposons qu'après avoir obtenu la répulsion de la balle de sureau à l'aide de la résine électrisée, on en approche un bâton de verre aussi électrisé. Alors a lieu une attraction de la balle au verre, attraction qui est même plus vive que si, au lieu d'avoir été préalablement électrisée par la résine, elle était restée à l'état naturel. Le même phénomène d'attraction se manifestera si, après avoir électrisé la balle au contact du verre, on lui présente un morceau de résine électrisé.

L'expérience qui précède peut être faite d'une façon qui rende plus saisissante la manière différente dont se comporte un corps électrisé, selon qu'on l'approche du bâton de verre ou du bâton de résine, tous deux électrisés séparément par le frottement d'un morceau de drap. On emploie pour cela deux pendules à balle de sureau, au lieu d'un seul.

De l'une de ces balles, on approche le bâton de verre ; elle est attirée, puis repoussée aussitôt que le contact a eu lieu. On agit de la même manière sur le second pendule à l'aide du bâton de résine : la balle de sureau est également attirée, puis repoussée. Si l'on présente alors la résine au premier pendule et le verre au second, on observe qu'il y a de nouveau attraction des balles ; si l'on a eu soin, dans cette seconde partie de l'expérience, d'éviter qu'il y ait contact, on reconnait aisément que l'attraction se change de nouveau en répulsion, en intervertissant une seconde fois l'ordre des bâtons présentés aux pendules. On peut encore procéder autrement, électriser les deux balles de sureau avec le même bâton, puis les approcher l'une de l'autre : on constatera toujours qu'elles se repoussent mutuellement. Cette expérience est plus simple si l'on se sert d'un double pendule (fig. 40) dont les deux balles sont électrisées

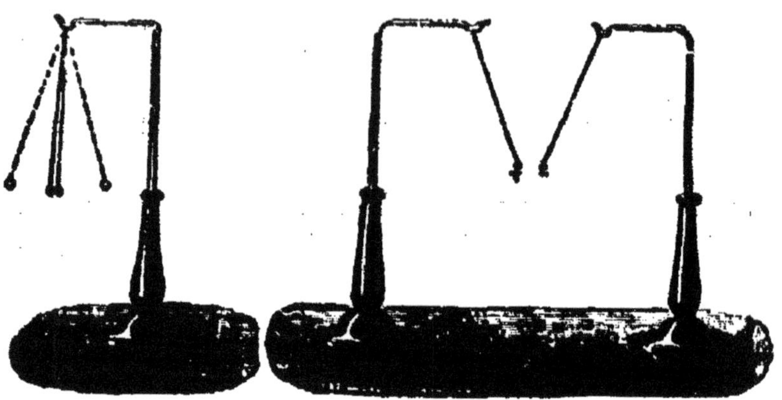

Fig. 40. — Répulsion des corps chargés de la même électricité.

Fig. 41. — Attraction des corps chargés d'électricités contraires.

en même temps : on les voit aussitôt se séparer et les fils diverger tant que les balles restent électrisées. On les verrait au contraire s'attirer, si la première, électrisée au contact du verre, était mise en présence de la seconde balle électrisée par la résine (fig. 41).

Ainsi l'électricité développée sur la résine et celle développée sur le verre par le frottement de la laine se comportent, dans les mêmes circonstances, d'une façon opposée : l'une attire le corps électrisé que l'autre repousse, et réciproquement. De là la distinction de deux espèces d'électricité, qui ont reçu des premiers observateurs les noms d'*électricité résineuse* et d'*électricité vitrée*. En répétant l'expérience précédente avec l'ambre, le soufre, la cire, le papier, la soie, etc...., on reconnaît que ces substances se comportent, les unes comme la résine, les autres comme le verre; et l'on dit alors qu'elles sont chargées soit d'électricité résineuse, soit d'électricité vitrée.

C'est à Dufay (1733) que sont dues les premières expériences, faites d'ailleurs sous une autre forme, qui ont conduit à la distinction des deux électricités. Mais les dénominations que leur donna ce savant et que nous venons d'employer, sont abandonnées aujourd'hui, et voici pourquoi. Tous les corps étant susceptibles, comme nous venons de le voir, de s'électriser par le frottement, il est clair que si l'un des deux corps frotté s'électrise, l'autre doit s'électriser aussi : c'est ce que l'expérience a confirmé. Mais elle a fait voir, en outre, que l'électricité développée sur l'un des corps n'est pas la même que celle développée sur l'autre. Par exemple, si l'on prend deux disques, l'un de verre poli, l'autre de métal recouvert de drap, et munis chacun d'un manche isolant, si, après les avoir frottés l'un contre l'autre, on les sépare brusquement, le disque de verre se trouvera chargé d'électricité vitrée, le drap d'électricité résineuse (fig. 42) : on s'en assure aisément, en voyant quelle action chacun d'eux exerce sur un pendule électrique dont la balle a été préalablement électrisée. Ce n'est pas tout. On s'est aperçu que la nature de l'électricité développée sur un corps change selon le corps avec lequel il est frotté. Ainsi le verre, comme nous l'avons dit, prend l'électricité vitrée quand on le frotte avec la laine; il prend au contraire l'électricité résineuse si c'est une peau de chat qu'on emploie. La gomme laque se charge d'électricité résineuse si on la frotte avec une peau de chat ou de la laine; elle prend l'électricité vitrée si elle est frottée avec un morceau de verre dépoli. En conservant les dénominations dont nous venons de nous servir un instant, on avait donc à craindre une certaine confusion : cette raison a déterminé la substitution des noms d'*électricité positive* et d'*électricité négative* à ceux d'électricité vitrée et d'électricité résineuse. Il ne faut pas, du reste, attacher en ce moment à ces mots d'autre signification que celle-ci : l'électricité positive est celle qu'on développe sur le verre en le frottant avec de la laine; l'électricité négative celle qu'on obtient sur la résine en la frottant avec la même substance. Mais le mode d'action de ces deux espèces d'électricités peut se résumer en deux lois d'une grande simplicité :

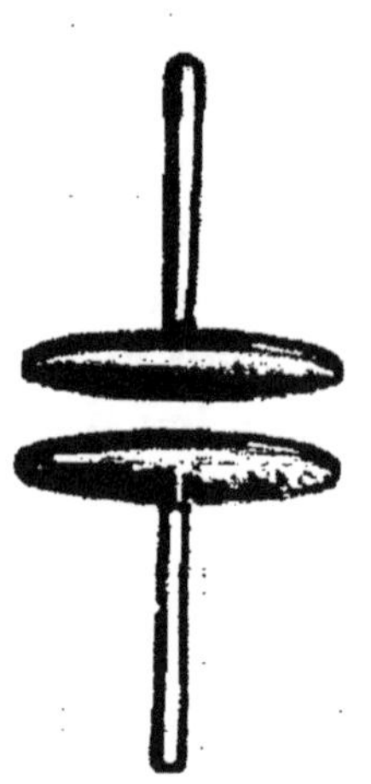

Fig. 42. — Production des deux électricités contraires par le frottement.

Tout corps électrisé, soit positivement, soit négativement, attire les corps à l'état naturel;

Deux corps chargés d'électricités de noms contraires s'attirent; deux corps chargés d'électricités de même nom se repoussent.

Ces lois ne souffrent pas d'exception; mais les conditions de production de l'une ou de l'autre espèce d'électricité sont extrêmement complexes. La même substance, nous venons de le voir, s'électrise tantôt positivement, tantôt négativement, selon la nature du corps avec lequel elle est frottée. Bien plus, les moindres changements dans l'état physique des corps suffisent pour modifier le sens de l'électrisation : les différences de couleur, de poli de la surface, de température, etc., font que les mêmes corps frottés de la même manière prennent tantôt l'électricité positive, tantôt la négative. Le verre poli frotté avec du drap s'électrise positivement; il s'électrise négativement s'il est dépoli. Ces derniers résultats ont été constatés par Æpinus et par Canton. Deux rubans de soie, l'un blanc, l'autre noir, prennent, le premier l'électricité positive, le second l'électricité négative, quand, après les avoir posés l'un sur l'autre, on passe sur la surface de l'un d'eux une règle d'ivoire [1]. Deux rubans de soie identique frottés en croix ou transversalement prennent les deux électricités contraires. Le verre frotté avec du drap prend, on l'a vu, l'électricité positive. Mais si auparavant il a été frotté avec de la poudre fine d'émeri humide, puis lavé, il s'électrise négativement par une friction douce du drap; une friction plus énergique fait réapparaître l'électricité négative. Cette expérience est due à Heintz.

La peau de chat, que l'on croyait positive pour tous les corps, et spécialement pour le verre poli, se comporte tantôt d'une façon, tantôt de l'autre, selon qu'on emploie pour le frottement la partie de la peau qui correspond au cou ou aux pattes, ou celle du dos. On constate nombre d'autres irrégularités aussi bizarres qu'il est difficile d'expliquer. Deux disques de verre semblables, frottés l'un contre l'autre, s'électrisent tantôt d'une façon, tantôt de l'autre. La chaleur a une

1. Nous trouvons dans le *Traité d'Électricité statique* de M. Mascart un fait curieux relatif à l'électrisation de la soie, observé par un physicien anglais du XVIIIe siècle. « Symmer avait remarqué qu'en ôtant ses bas de soie, ils pétillaient et laissaient échapper dans l'obscurité des étincelles lumineuses. Ces phénomènes n'étaient jamais aussi intenses que lorsqu'il portait un bas de soie blanc et un noir sur la même jambe. Les bas ne donnaient pourtant que peu de signes d'électricité tant qu'ils étaient sur la jambe ou réunis ensemble, mais au moment où ils furent séparés, on les trouva fortement électrisés, le blanc positivement, le noir négativement. Quand on les tint séparés l'un de l'autre à une certaine distance, ils parurent gonflés à tel point qu'ils montraient la forme de la jambe. En les présentant les uns aux autres, on vit que deux bas de même couleur se repoussaient jusqu'à faire un angle de 30 ou 35 degrés, et deux bas de couleurs différentes s'attiraient violemment. »

grande influence; la plupart des substances chauffées prennent l'électricité négative.

On a fait une foule d'expériences curieuses sur les conditions qui déterminent l'un ou l'autre mode d'électrisation; mais on sait peu de chose encore sur les causes de ces singuliers phénomènes, et les théories qu'on a imaginées pour les expliquer n'ont guère d'autre avantage que de coordonner tous les faits et de les rendre plus aisés à fixer dans la mémoire. Ce qu'on pouvait prévoir avant toute expérience, c'est que, si l'on électrise un corps en le frottant avec un autre, ce dernier doit être électrisé lui-même, puisque les deux corps se comportent de la même manière l'un vis-à-vis de l'autre dans l'opération de la friction. Pour constater la production de l'électricité sur le morceau de drap ou de soie que l'on tenait à la main, quand on voulait électriser un tube de verre ou un bâton de résine, rien n'était plus aisé, puisque la laine et la soie ne sont pas des substances conductrices. Il en était autrement, si le corps servant à la friction était bon conducteur, car alors, au fur et à mesure du développement de l'électricité à sa surface, cette électricité s'écoulait dans le sol par l'intermédiaire du corps de l'opérateur. Voilà pourquoi, dans les expériences relatives aux recherches de cette nature, il faut avoir soin d'isoler les corps qu'on emploie, lorsqu'ils sont conducteurs.

Des nombreuses expériences qui ont été faites sur les différentes substances, au point de vue de la nature de l'électricité que développe le frottement de l'une de ces substances contre l'autre, on a pu déduire une classification spéciale des corps. Pour cela on les range en une série disposée de telle sorte que l'un quelconque d'entre eux prend l'électricité négative s'il est frotté avec un de ceux qui le précèdent, et l'électricité positive s'il est frotté avec l'un de ceux qui le suivent. L'expérience en effet a montré que si une substance, la laine par exemple, est négative quand on s'en sert pour frotter le verre, et positive pour frotter la résine, *a fortiori* les deux corps, verre et résine, frottés ensemble, prendront des électricités contraires, le premier l'électricité positive, le second l'électricité négative. Toutefois, en raison des modifications que nous avons signalées plus haut et qui changent le sens de l'électrisation des mêmes substances, il ne faut pas attacher à la classification dont nous parlons une signification absolue, et la liste suivante peut donner lieu, suivant les circonstances des expériences, à des interversions dans le sens de l'électrisation des corps qu'elle renferme :

CLASSIFICATION DES CORPS AU POINT DE VUE DE LA NATURE DE L'ÉLECTRICITÉ DÉVELOPPÉE PAR LEUR FROTTEMENT.

Verre poli.	Verre dépoli.	Antimoine.
Étoffes de laine.	Soufre.	Argent.
Plumes.	Aluminium.	Platine.
Bois.	Plomb.	Mercure.
Papier.	Cadmium. Zinc.	Or. Palladium.
Cire à cacheter.	Fer. Étain.	Coton-poudre.
Cire blanche.	Cuivre. Bismuth.	Sulfate de cuivre.

CHAPITRE II

LOIS DES ATTRACTIONS ET DES RÉPULSIONS ÉLECTRIQUES

I

Neutralisation des électricités contraires.

Reprenons l'expérience des deux disques décrite dans le paragraphe précédent. Elle prouve que l'électricité produite par le frottement de deux corps de nature quelconque l'un contre l'autre se répartit sur chacun d'eux; mais si l'un des corps frottés acquiert l'électricité que nous avons nommée *positive*, l'autre contiendra de l'électricité *négative* : ce dont on s'assure en approchant isolément chacun des disques de la balle de sureau, préalablement électrisée, du pendule électrique. En effet, tandis que cette balle est repoussée par celui des disques qui lui a communiqué son électricité, elle est attirée au contraire par l'autre disque.

Il s'agit maintenant d'évaluer ou plus simplement de comparer les quantités d'électricité développées par le frottement sur chacun des disques. Pour cela, nous prendrons un pendule électrique dont la balle soit à l'état naturel et suspendue à un fil conducteur, à un fil de chanvre par exemple. Frottons les disques l'un contre l'autre, mais laissons-les en contact et approchons-les du pendule (fig. 43); nous verrons la balle rester immobile; il ne se produit aucun effet, absolument comme si les disques n'étaient pas électrisés. Ils le sont cependant, puisque, si nous les

Fig. 43. — Neutralisation des électricités développées par le frottement. Première expérience.

approchons maintenant *séparément* du pendule sans les avoir frottés une seconde fois, nous verrons chacun d'eux attirer la balle de sureau (fig. 44).

Ainsi non seulement le frottement de deux corps produit deux espèces différentes d'électricité, mais encore ces électricités contraires se répartissent en quantités équivalentes, l'une sur le premier corps, l'autre sur le second. Les deux forces, opposées et égales, se détruisent, si on les fait agir simultanément sur un même point.

Une ancienne expérience d'Æpinus démontre à la fois la production simultanée et la neutralisation des deux électricités. Elle consiste à verser du soufre fondu au fond d'un vase métallique muni d'un pied isolant. Après le refroidissement du soufre, on ne constate dans le tout aucun signe d'électrisation; mais il n'en est plus ainsi quand on enlève le soufre à l'aide d'une tige qu'on y a fixée pendant qu'il était encore liquide. On trouve alors que le vase est élec-

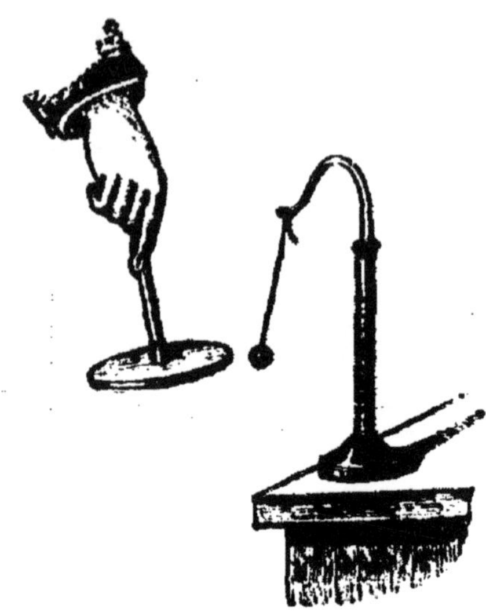

Fig. 44. — Neutralisation des électricités contraires. Deuxième expérience.

trisé négativement, le soufre positivement. Enfin si l'on replace le soufre dans le vase, toute trace d'électricité disparaît de nouveau.

L'expérience de Faraday, que représente la figure 45, démontre encore le même fait plus simplement. Elle consiste à électriser un bâton de gomme laque ou de cire d'Espagne à l'aide d'un petit capuchon de soie porté par un fil de même substance. Si l'on approche de la balle du pendule électrique le bâton de cire muni de son enveloppe, on ne constate aucune trace d'électricité. Si on les présente isolément, l'attraction a lieu et témoigne que la cire est électrisée, mais les deux électricités développées sont de signes contraires.

Voici donc démontrée une vérité importante. Les quantités d'électricité développées par le frottement de deux corps l'un contre l'autre sont égales et de sens contraires : elles s'équivalent et se neutralisent, ce qui justifie les dénominations adoptées d'*électricité*

Fig. 45. — Expérience de Faraday.

positive pour l'une et d'*électricité négative* pour l'autre.

Ceci nous amène à définir les quantités d'électricité, ce que, dans le langage scientifique, on nomme les *masses électriques*; mais, pour cela, nous devons commencer par exposer les théories adoptées pour rendre compte des phénomènes électriques dont il a été question jusqu'ici.

II

Théorie des fluides électriques.

Les Anciens, qui ne connaissaient des phénomènes électriques que l'attraction du succin pour les corps légers, ont émis, pour expliquer ce fait unique, les mêmes hypothèses à peu près que pour rendre compte des attractions magnétiques. Thalès, par exemple, donnait une âme au succin comme à l'aimant, c'est-à-dire admettait l'existence d'une force particulière à chacune de ces substances, idée fort naturelle après tout, mais nécessairement stérile. Il faut arriver aux physiciens expérimentateurs du XVIIe et du XVIIIe siècles pour rencontrer des ébauches théoriques d'un certain intérêt sur la nature de l'électricité.

On attribue à Gilbert l'hypothèse suivante : Le frottement, en échauffant les corps, provoque l'émission de rayons d'une matière subtile, onctueuse, qui se refroidit au contact de l'air et, en s'agglutinant par l'effet de ce refroidissement, perd de sa force expansive, revient sur elle-même et entraîne ainsi avec elle les corps légers dont on approche le corps électrisé. C'est à peu de chose près l'hypothèse énoncée par Boyle, avec cette différence que, pour ce dernier, le retour des effluves matériels émanés du corps frotté est en partie déterminé par la réaction de l'air extérieur; ou encore par la résistance de l'air sur le tourbillon de matière effluente. Pour Hawksbee, les émanations de la matière qui sort d'un corps électrique « s'étendent en forme de rayons ou de lignes physiques, et toutes les parties qui les composent se touchent et sont continuées de manière que toutes celles qui sont sur la même ligne reçoivent l'impulsion de celles qui sont les plus voisines du corps ». L'air contigu au corps se trouve ainsi raréfié dans la direction des lignes divergentes des *effluvia*; il est pressé en sens contraire, c'est-à-dire suivant des lignes convergentes, par l'air plus dense et plus éloigné; de là l'entraînement des corps légers vers le corps électrisé. L'abbé Nollet considérait les corps susceptibles de s'électriser par le frottement comme remplis d'une matière qui tendait à s'échapper par leur surface extérieure; c'est la pression due au frottement, la réaction de la matière électrique et du verre où elle est renfermée qui produit son expansion au dehors.

Ces hypothèses sont depuis longtemps abandonnées; elles suffisaient jusqu'à un certain point pour rendre compte des phénomènes d'attraction et de répulsion électriques; elles devinrent bientôt insuffisantes, quand les découvertes de faits nouveaux se multiplièrent. Deux théories principales leur ont été substituées et sont encore aujourd'hui adoptées par la plupart des physiciens, parce qu'elles sont l'expression des faits eux-mêmes et qu'elles les expliquent d'une façon commode pour la clarté du langage. Ces théories sont celle de Franklin, qui admet l'existence d'un fluide électrique unique, et celle de Symmer ou des deux fluides. Résumons-les dans leurs traits essentiels.

La théorie imaginée par Franklin pour rendre compte des phénomènes d'attraction et de répulsion électriques connus de son temps admet l'existence d'un *fluide électrique unique* dont les molécules, attirées par la matière ordinaire, se repoussent mutuellement. A l'état naturel, les corps sont chargés d'une certaine quantité normale de fluide. Cette charge est-elle augmentée ou diminuée, le corps est électrisé : il l'est *en plus* ou *positivement*, si la quantité de fluide a été augmentée; il l'est en *moins* ou *négativement* si elle a été diminuée. En complétant cette hypothèse par la loi que Coulomb a découverte et que nous exposerons prochainement, à savoir que les répulsions et attractions électriques varient en raison inverse du carré de la distance qui sépare deux corps électrisés, on rend compte d'une manière satisfaisante des divers phénomènes. Cependant la théorie de Franklin est moins généralement adoptée que celle de Symmer ou des deux fluides, dont il va être maintenant question.

Au lieu d'un seul fluide, la théorie imaginée par Symmer suppose qu'il y en a deux, dont les propriétés sont opposées. Les molécules de chacun d'eux se repoussent, mais attirent celles du fluide contraire. Dans les corps à l'état naturel, ou non électrisés, le fluide électrique positif et le fluide électrique négatif existent en quantités égales; par le fait de leur attraction mutuelle, ils sont et restent combinés, et alors ils se neutralisent. Par le frottement ou par d'autres modes d'action que nous étudierons bientôt, on arrive à vaincre l'affinité spéciale en vertu de laquelle les deux fluides se combinent : le fluide positif passe dans l'autre et les deux corps frottés se trouvent ainsi chargés d'électricités contraires, si on les maintient séparés; mais si, après le frottement, on maintient les corps au contact, les électricités développées se neutralisent.

L'attraction des molécules des fluides contraires et la répulsion des molécules d'un même fluide expliquent les phénomènes d'attraction et de répulsion des corps électrisés les uns pour les autres; les mouvements des fluides entraînent ceux des molécules matérielles, soit par la pression du milieu ambiant dans l'hypothèse où les fluides n'auraient aucune action sur la matière pondérable, soit par l'action directe des fluides si l'on admet que chaque fluide attire les molécules de cette matière.

Il y a entre la théorie des deux fluides électriques et celle des fluides magnétiques une analogie évidente; toutefois la séparation des fluides, qui caractérise l'aimantation, ne s'opère que dans les molécules du corps magnétique, et chacune de ces molécules renferme toujours une égale quantité des fluides séparés. Au contraire, les fluides électriques, en se séparant, peuvent passer d'un corps dans un autre.

Les deux théories de Symmer et de Franklin rendent compte d'une manière également satisfaisante des phénomènes. Laquelle des deux est la vraie? Y a-t-il deux fluides ou n'en existe-t-il qu'un seul? On peut même se demander s'il existe un fluide d'une nature spéciale auquel sont dus les phénomènes d'électricité. Les physiciens contemporains s'accordent à ne considérer ces hypothèses de fluides que comme un artifice de langage propre à exprimer les faits d'une façon claire et concise; au lieu de multiplier les causes des phénomènes, ils sont conduits à les rapporter à une cause unique; et cette cause ne serait autre que l'éther, le véhicule des ondes lumineuses et calorifiques. Voici ce que dit à ce sujet M. Briot dans son ouvrage sur la *Théorie mécanique de la chaleur* :

« Si l'on adopte comme plus probable l'hypothèse d'un seul fluide, il est naturel de supposer que ce fluide n'est autre chose que l'éther par les vibrations duquel on explique les phénomènes lumineux. Toutefois l'expérience apprend qu'il n'y a pas de phénomènes électriques dans le vide, c'est-à-dire en l'absence de toute matière pondérable. Il semble résulter de là que l'on doit appeler *fluide électrique* contenu dans un volume donné, non pas la quantité totale d'éther qu'il renferme, mais la somme des atmosphères d'éther qui entourent les molécules pondérables [1], c'est-à-dire l'excès de la quantité totale d'éther que contient le volume sur la quantité qu'il contien-

1. En admettant que l'action de la matière pondérable sur l'éther soit attractive, chaque atome pondérable est entouré d'une atmosphère d'éther dont la densité est plus grande que dans le vide et décroît rapidement à partir du centre; l'excès d'éther accumulé autour de chaque atome est la masse de cette atmosphère.

drait sans la présence des molécules pondérables. Pour expliquer les phénomènes électriques, il suffira d'admettre que la matière pondérable attire l'éther en raison inverse du carré de la distance, et que l'action mutuelle des deux atmosphères d'éther est proportionnelle au produit de leurs masses et aussi en raison inverse du carré de la distance. »

Bien que la théorie d'un seul fluide paraisse la plus probable, la grande majorité des physiciens continue à se servir, pour l'explication élémentaire des phénomènes, de l'hypothèse des deux fluides, et nous nous conformerons à l'usage général.

III

Loi des attractions et des répulsions électriques.

Quelle que soit l'idée qu'on se fasse de la nature de l'électricité, ce qui est hors de doute, c'est qu'elle est une force, puisqu'elle détermine des mouvements d'attraction et de répulsion. On a donc dû se demander quelles sont les lois de ces mouvements, en d'autres termes dans quelle proportion varient les attractions et les répulsions électriques, lorsqu'on fait varier, soit la distance des corps électrisés en présence, soit les quantités d'électricité dont ils sont respectivement chargés. L'exemple de Newton découvrant les lois de l'attraction universelle, démontrant qu'elle est proportionnelle aux masses et qu'elle varie en raison inverse du carré de la distance, poussa les physiciens du XVIIIe siècle à la recherche de la solution du même problème en ce qui concerne l'intensité des forces électriques. Du Fay, Hauksbee, Muschenbroek, Æpinus, Cavendish firent dans ce sens diverses tentatives plus ou moins infructueuses, mais c'est à un physicien français, Coulomb, qu'on doit la détermination expérimentale des lois en question, comme on lui doit celle des lois des attractions et des répulsions magnétiques.

Coulomb se servit, dans ce but, d'un appareil analogue à la balance magnétique, construit d'après les mêmes principes, ayant même disposition générale, et qui n'en diffère que par la nature des corps mis en présence, c'est-à-dire par la nature des forces dont il s'agissait de mesurer l'action. C'est la *balance électrique*, représentée dans la figure 40. Le fil de suspension fixé au micromètre de l'appareil est un fil d'argent très fin qui porte à sa partie inférieure une aiguille horizontale de gomme laque *f*, terminée à l'un de ses bouts par une boule conductrice ou un petit disque vertical en papier doré *g*, et à l'autre bout par un contrepoids. Le centre du disque est dans le plan d'un cercle divisé en degrés, que porte le cylindre en verre formant la cage de la balance; une seconde tige de gomme laque *f'* terminée par une boule conductrice *g'* descend verticalement dans la cage cylindrique, de façon que le centre de la boule soit dans le même plan horizontal que le centre du disque *g*, et que le plan vertical contenant la tige *f'* et le fil de suspension corresponde au zéro de la division du cylindre.

Voici maintenant comment on opère quand on veut trouver la loi de variation des actions électriques avec la distance. On commence par amener le disque au contact de la boule sans qu'il y ait torsion du fil, la boule *g'* n'étant pas encore électrisée. On sort la tige *f* et on électrise la boule qui la termine; on la replace dans la cage. Le disque de clinquant étant au contact de la boule se charge de la même électricité qu'elle; aussitôt la répulsion l'écarte jusqu'à une certaine distance, qu'on mesure sur l'échelle divisée, et qui est par exemple de 36 degrés. Mais le disque n'a pu être repoussé qu'en tordant le fil de suspension, et la force de torsion, qui fait équilibre à la force répulsive, est mesurée précisément par l'angle de 36°, puisque, comme nous l'avons vu dans la ba-

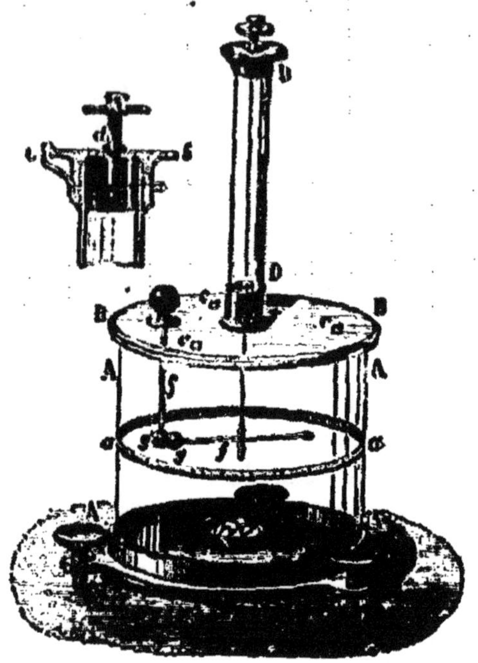

Fig. 46. — Balance électrique de Coulomb

lance magnétique, la force de torsion croît proportionnellement avec l'angle de torsion lui-même. On tourne alors le tambour du micromètre de manière à ramener le disque à une distance moitié moindre, c'est-à-dire à 18°; on constate qu'il a fallu pour cela tourner le tambour d'un angle de 126°; la force totale de torsion ou, ce qui revient au même, la répulsion électrique qui lui fait équilibre, est donc mesurée par 126° + 18° = 144°. Pour réduire au quart ou à 9° la distance de la boule et du disque, on est obligé de tourner le micromètre de 567° et la répulsion est alors mesurée par le nombre 567° + 9° = 576° [1].

En résumé, quand la distance de deux corps électrisés varie dans la proportion des nombres 1, ½, ¼, la force électrique suit le rapport des nombres 36, 144 et 576, ou des nombres 1, 4, 16. D'où cette loi :

Les répulsions entre deux corps chargés de la même électricité varient en raison inverse du carré des distances.

La loi des attractions se démontre par une expérience analogue à celle qu'on vient de décrire. Seulement, au début, il faut placer l'aiguille de gomme laque de façon que, sans qu'il y ait de torsion dans le fil suspenseur, la boule et le disque non encore électrisés soient à une certaine distance l'un de l'autre. On les électrise alors en sens contraire; d'où une attraction qui rapproche le disque de la boule jusqu'au point où la force de torsion qui en résulte fait équilibre à la force attractive. On répète l'expérience en faisant varier la distance et en mesurant à chaque fois l'angle dont il faut tourner le tambour du micromètre. Le résultat est le même que pour les actions répulsives, de sorte qu'on peut formuler la loi dans cet énoncé général :

Les attractions et les répulsions électriques varient en raison inverse des carrés des distances qui séparent les corps électrisés.

1. Les expériences réellement effectuées par Coulomb et par les physiciens qui ont depuis vérifié la loi, ne donnent pas de chiffres aussi rigoureusement proportionnels que ceux que nous mentionnons. Les très faibles différences observées tiennent à ce que, pendant la durée des expériences, les charges électriques de la boule et du disque diminuent un peu; la déperdition de l'électricité par l'air et l'imperfection des isolants en sont la cause. Coulomb diminuait cette cause d'erreur en plaçant dans la cage de la balance des fragments de chaux vive ou de chlorure de calcium qui absorbaient l'humidité de l'air.

Coulomb a vérifié la loi des actions électriques par une seconde méthode, celle des oscillations, dont nous avons dit un mot (p. 43) en décrivant les expériences relatives aux attractions et répulsions magnétiques.

Dans tout ce qui précède, nous avons supposé que la charge électrique des corps en présence était quelconque, mais restait constante. Il reste à savoir ce qui se produit quand on fait varier les quantités d'électricité libre dans les deux corps qui exercent l'un sur l'autre une action attractive ou répulsive. Mais pour cela nous devons définir ce qu'on entend par *charge* ou *quantité d'électricité*, ou encore, pour nous conformer au langage scientifique, ce qu'on entend par *masse électrique*.

En considérant l'électricité comme un fluide répandu dans les corps ou à la surface des corps électrisés, on admet que si l'on met en présence, au contact, deux sphères égales, identiques et par suite toutes deux également conductrices, dont l'une a été préalablement électrisée, il y a partage égal entre les deux sphères de la quantité primitive d'électricité [1]. Leurs masses électriques sont alors égales. Chacune d'elles n'est donc plus que la moitié de la masse électrique que renfermait la sphère électrisée avant le contact. Coulomb a fait voir que ce partage égal de l'électricité entre des conducteurs identiques a lieu également entre des conducteurs formés avec des corps de diverses natures. La définition de masses électriques doubles, triples, etc., est une conséquence

1. D'après Coulomb, l'égalité de partage n'a pas lieu seulement entre deux sphères de même rayon, mais aussi entre deux corps conducteurs de formes identiques quelconques. Seulement, dans ce cas, il est nécessaire que l'on mette en contact deux points de leur surface tels, que la symétrie soit parfaite de chaque côté. Si les corps sont médiocres conducteurs, il faut en outre que la durée du contact soit assez longue.

de cette définition des masses égales. Or Coulomb, à l'aide de la balance électrique, a démontré expérimentalement que *les attractions et répulsions varient en raison du produit des quantités d'électricité libre, c'est-à-dire des masses électriques des deux corps en présence*[1].

Les lois que nous venons d'énoncer ne sont exactes que pour des corps dont les dimensions sont petites relativement aux distances qui les séparent.

La démonstration expérimentale des lois qui régissent les actions électriques, pour être complète et rigoureuse, suppose, ou bien que les quantités d'électricité libre que l'on met en présence restent invariables pendant toute la durée des expériences, ou bien, si elles varient, que l'on tient compte de ces changements. En réalité, comme Coulomb l'a constaté, tout corps électrisé subit avec le temps un affaiblissement progressif de ses propriétés : l'électricité dont il est chargé diminue et finit par disparaître.

La raison de cette déperdition est aisée à comprendre. Les corps électrisés ont beau être isolés à l'aide de supports faits de matières non conductrices, l'air dans lequel ils sont plongés a beau être aussi parfaitement sec que possible, l'électricité se communique, se répand par ces deux intermédiaires sur les corps voisins, et par eux s'écoule dans le réservoir commun, qui est la terre.

En effet, aucune substance, nous l'avons vu quand nous avons classé les corps selon le degré de leur

1. Cette seconde loi serait évidente de soi, si l'on adoptait pour les masses électriques les définitions de la mécanique générale, c'est-à-dire si l'on considérait les quantités d'électricité ou les masses électriques comme proportionnelles aux forces; et alors la *conséquence* des expériences de Coulomb serait que le partage des électricités entre des conducteurs égaux ou identiques se fait bien comme l'admettait *a priori* ce savant physicien.

conductibilité, n'est un isolant parfait. Il y a donc déjà de ce chef une cause de déperdition de l'électricité qui, à la vérité, est d'autant moindre que la substance est moins conductrice. La gomme laque, surtout la brune, est le meilleur des isoloirs; mais il faut en outre que la surface en soit parfaitement desséchée. Or cela ne peut durer qu'un temps limité; cette surface est toujours un peu hygrométrique; la vapeur d'eau de l'air s'y condense et la revêt d'une couche d'humidité qui est, comme on sait, un bon conducteur de l'électricité. Voilà pourquoi, dans sa balance, Coulomb plaçait de la chaux vive ou du chlorure de calcium, afin que l'air emprisonné dans la cage de verre restât toujours sec.

Voilà pour la déperdition d'électricité qui provient des supports.

La perte qui se fait par l'air lui-même peut être également attribuée à deux causes. D'abord les gaz ont une conductibilité propre, très faible s'ils sont secs, beaucoup plus forte s'ils sont chargés d'humidité, mais qui n'est jamais absolument nulle [1]. D'autre part, les molécules de l'air voisines de la surface du corps électrisé sont attirées jusqu'au contact, puis sont repoussées parce que, par le contact, elles s'élec-

1. Le fait que les machines électriques ont de la peine à fonctionner dans une atmosphère qui n'est pas sèche, que l'air humide favorise la déperdition de l'électricité, n'est pas douteux; mais est-il la conséquence de la conductibilité propre de l'air humide? C'est ce qu'on a longtemps cru et enseigné. Or il résulterait d'expériences faites depuis une vingtaine d'années par M. du Moncel, puis plus tard par M. Gaugain et tout récemment par M. Marangoni, que l'interprétation admise jusqu'ici serait inexacte. L'air humide n'est pas conducteur; les pertes que l'on constate, dans les fils télégraphiques par exemple, se font par la couche liquide qui se condense à la surface des fils et des supports isolants, non par une propagation directe de l'électricité à travers les couches d'air. (Voir le numéro du journal *la Lumière électrique*, du 2 avril 1881.)

trisent. D'autres les remplacent, et ainsi peu à peu l'électricité du corps se communique au milieu ambiant, c'est-à-dire s'affaiblit et finalement se perd.

On comprend donc quelle est l'importance des précautions à prendre pour éviter ces causes d'erreur toutes les fois qu'il s'agit d'expériences électriques un peu délicates, et à plus forte raison si ces expériences comportent des mesures précises des quantités d'électricité. Souvent on éprouve ainsi des échecs qui proviennent uniquement de l'oubli des précautions dont nous parlons. En tout cas, il faut savoir tenir compte des pertes d'électricité, ce qui exige qu'on connaisse les lois de cette déperdition. Coulomb et depuis divers physiciens contemporains, Matteucci, Gaugain, Riess, etc., ont étudié ces lois. Retenons les principaux résultats de leurs recherches.

En ce qui regarde les supports, Coulomb a trouvé qu'on peut isoler parfaitement une balle de sureau de 10 à 12 millimètres de diamètre, en la faisant porter par un cylindre de gomme laque de 1 millimètre de diamètre et de 4 à 5 centimètres de longueur. Il en est de même si on la suspend à un fil de soie très fin, ou de verre tiré à la lampe, à la condition de les revêtir d'une couche de gomme laque pure en faisant passer ces fils dans la gomme laque bouillante.

La température a une grande influence sur la conductibilité des corps; par suite, telle substance qui est isolante à la température ordinaire, devient conductrice à mesure que cette température s'élève. Telle est, par exemple, la tourmaline, dont la conductibilité, nulle d'abord, devient notable quand on porte le corps à 400 ou 500 degrés, et Gaugain, qui a reconnu ce fait, a constaté qu'alors la tourmaline est devenue très hygrométrique et qu'elle conserve cette propriété ainsi que la conductibilité acquise, si on la fait refroidir. Il faut la laver ensuite et la sécher à moins de 150 degrés, pour qu'elle redevienne isolante.

En ce qui regarde l'air ou le milieu ambiant, Coulomb a trouvé que la déperdition électrique va en croissant avec le degré d'humidité de ce milieu; puis qu'elle est d'autant plus grande que la charge ou que la tension électrique du corps est plus considérable. D'après Matteucci, la déperdition est moindre dans l'air agité que dans l'air tranquille, indépendante de la tension entre certaines limites quand on opère dans un gaz sec et pur, indépendante de la nature des gaz, indépendante enfin de la nature de l'électricité (positive ou négative) pour des tensions moyennes. La déperdition augmente avec la température dans l'air sec; elle varie avec la pression et est d'autant plus lente que l'air où l'on place le corps électrisé est plus raréfié.

IV

Distribution de l'électricité à la surface des corps conducteurs.

Quand on électrise un corps non conducteur, un bâton de résine ou de verre, par exemple, les parties qui ont été frottées ou qu'on a mises en contact avec un autre corps chargé d'électricité, sont seules électrisées. Ce n'est que lentement, ainsi que nous venons de le voir, que l'électricité se répand sur le corps, et au contraire, s'il s'agit d'un corps conducteur, la diffusion du fluide se fait instantanément sur toute son étendue; mais il y a lieu de se demander si la répartition de l'électricité développée ou communiquée a lieu à l'intérieur du corps comme à l'extérieur, et en quelle proportion elle se distribue dans toute l'étendue des portions électrisées.

Nous avons déjà vu que Coulomb, en mettant en contact deux boules ou sphères conductrices de même diamètre, a prouvé que la charge électrique se partage également entre les deux corps, quelles qu'en soient d'ailleurs la nature et la densité. Ainsi la

Fig. 47. — Distribution de l'électricité à la surface des corps conducteurs.

communication ne se fait point en raison des masses des corps. L'électricité ne pénètre point à l'intérieur des corps; elle reste distribuée à leur surface, comme le prouvent les expériences que nous allons décrire.

Une sphère métallique isolée sur un pied de verre est recouverte de deux minces calottes hémisphériques, qu'on maintient en contact avec elle à l'aide de deux manches isolants. On électrise alors le système entier; puis on retire vivement et à la fois les deux hémisphères (fig. 47). En présentant séparément à la balle d'un pendule électrique la sphère elle-même, puis chacune des calottes, on reconnaît que ces dernières sont seules électrisées. L'électricité ne s'était donc point répandue dans une épaisseur plus grande que celle des enveloppes.

Si sur un cylindre non conducteur, en verre par exemple, on enroule, à l'aide d'une manivelle, un

Fig. 48. — Expérience relative à la distribution de l'électricité.

ruban métallique d'étain, de clinquant, qu'on électrise et auquel on suspend deux pendules conducteurs, on voit les pendules diverger quand le ruban reste enroulé. Ils se rapprochent au fur et à mesure qu'en tournant le treuil on déroule le ruban, ce qui prouve que la tension de l'électricité diminue en raison de l'extension de la surface, la quantité de l'électricité restant la même. Une expérience analogue consiste à poser sur un plateau d'un électroscope à feuilles d'or une chaîne métallique qu'on électrise (fig. 48).

Les feuilles d'or divergent, puis se rapprochent si l'on soulève avec un bâton de gomme laque la chaîne métallique; alors la surface électrisée augmente et la tension de l'électricité diminue, ce qui serait inexplicable si l'électricité était répartie ailleurs qu'à la surface.

Une sphère creuse métallique, percée d'un orifice à sa partie supérieure et isolée sur un pied (fig. 49), est chargée d'électricité. Pour reconnaître la façon dont cette électricité est distribuée, on se sert d'un petit disque de papier doré muni d'un manche isolant (c'est ce qu'on nomme un *plan d'épreuve*), et on l'applique sur un point quelconque de la surface extérieure de la sphère électrisée, puis on le présente à la balle de sureau du pendule électrique : on trouve alors qu'il l'attire. On touche le plan d'épreuve avec la main; l'électricité dont il est chargé s'écoule, et il revient à l'état naturel. Si alors on l'applique à l'un des points de la surface intérieure de la sphère, puis qu'on le retire en ayant soin qu'il ne heurte pas les bords du trou, on constate qu'il ne donne aucun signe d'électricité. Le résultat serait le même, si l'on commençait par éprouver l'intérieur de la sphère. Faraday faisait la même expérience en donnant au corps la forme d'un cylindre en treillis métallique (fig. 49) qu'il posait sur un disque de laiton isolé. Il électrisait le disque et constatait, à l'aide du plan d'épreuve, que la surface extérieure seule de cette espèce de vase était électrisée.

C'est aussi le même illustre physicien qui a imaginé l'expérience de la poche conique de mousseline, attachée à un cercle de métal isolé qu'on électrise. Un double fil de soie, fixé au sommet du cône, permet de retourner le sac, et l'on trouve toujours que c'est sur la surface extérieure que l'électricité s'est répandue, de sorte qu'elle passe alternativement d'une face de l'étoffe sur l'autre.

Faraday a mis en évidence, par une série de curieuses expériences, la propriété qu'ont les surfaces conductrices fermées de n'exercer aucune influence électrique sur les points intérieurs de l'espace qu'elles enveloppent. Il couvrait un électroscope à feuilles

Fig. 49. — Distribution de l'électricité à la surface d'une sphère creuse, d'un vase métallique.

d'or d'une cloche en toile métallique, d'une cage en treillis fort large, d'un panier à salade, et il constatait que l'électroscope restait absolument insensible à l'action d'un corps électrisé extérieur, à celle de l'enveloppe elle-même, lorsqu'il l'électrisait avec les plus puissantes machines. L'illustre physicien fit construire une chambre cubique de $3^{m},60$ de côté dont les parois à jour étaient recouvertes de papier et d'un treillis métallique. Cette sorte de cage était isolée, suspendue à cet effet par des câbles en soie, puis était mise en communication avec une machine électrique. Faraday s'y enferma muni d'électroscopes très sensibles. Or on eut beau électriser la chambre au point d'en tirer extérieurement de vives étincelles et de voir des aigrettes lumineuses s'échapper de toutes parts, il ne ressentit lui-même aucune commotion, aucune des impressions que cause le fluide à toute personne électrisée, et ses électroscopes ne donnèrent aucun signe d'électrisation.

Ainsi, c'est bien à la surface extérieure des corps conducteurs que l'électricité se trouve distribuée : ou du moins, si elle pénètre dans l'intérieur du corps, l'épaisseur de la couche électrisée est extrêmement faible. On prend deux sphères, l'une pleine et métallique, l'autre en gomme laque et dorée à la surface, toutes deux de même diamètre ; puis on électrise la première et l'on mesure la tension, ou mieux la charge, la *densité électrique*[1], à l'aide d'un instrument spécial qu'on nomme *électromètre*. Si l'on met alors les sphères en contact, on trouve que la tension électrique est, sur chacune d'elles, moitié de ce qu'elle était d'abord sur la sphère métallique. Comme l'épaisseur de la couche électrique est égale, sur la sphère de gomme laque, à celle de la feuille d'or, on en con-

1. M. Mascart fait observer avec raison qu'il est préférable d'employer ici l'expression de *densité électrique*, au lieu de celle de tension, pour indiquer « la limite du rapport de la quantité d'électricité qui est répandue sur une petite surface comprenant le point considéré, à l'étendue de cette surface ». En effet, le mot *tension* est employé en électricité dans d'autres sens, par exemple pour exprimer la pression qu'un élément de la surface exerce sur le milieu ambiant, et dans ce cas la tension est proportionnelle au carré de la densité électrique, telle qu'elle vient d'être définie. Elle a enfin encore un autre sens, lorsqu'on l'emploie pour caractériser les courants électriques.

clut que cette épaisseur n'est pas plus grande sur la sphère massive.

La densité électrique n'est égale en tous les points de la surface d'un corps conducteur que dans le cas où ce corps a la forme d'une sphère. C'est ce qu'on exprime en disant que l'épaisseur de la couche électrique y est uniforme (fig. 50). Dans un ellipsoïde

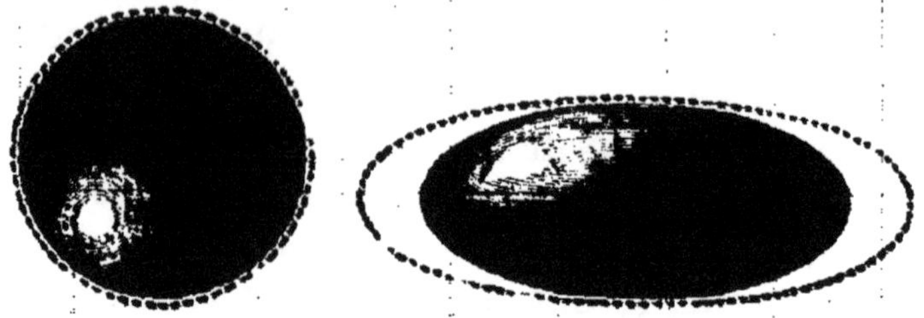

Fig. 50. — Densité de l'électricité aux différents points de la surface d'une sphère, d'un ellipsoïde.

allongé, cette couche est maximum aux extrémités du grand axe; dans un ellipsoïde aplati, elle est maximum sur toute la circonférence de l'équateur. Dans un disque plat, la densité électrique, presque

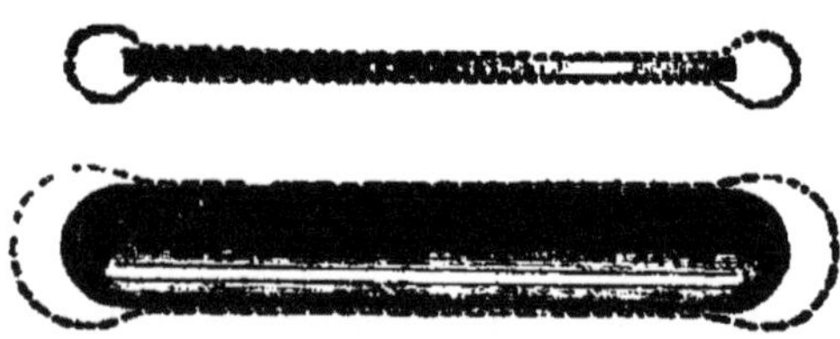

Fig. 51. — Densité de l'électricité sur un disque plat, sur un cylindre terminé par des hémisphères.

nulle au centre, va en croissant vers les bords, où elle atteint la plus grande intensité. Dans un conducteur qui a la forme d'un cylindre terminé par deux hémisphères, c'est à la surface de ces derniers que la densité est la plus grande; elle est presque nulle partout ailleurs. Les lignes ponctuées qui entourent les solides représentés dans les figures 50 et 51, indiquent, par leurs distances plus ou moins grandes aux points voisins des surfaces, quelle est la densité électrique en chacun de ces points.

On voit donc combien la forme des corps a d'influence sur la distribution de l'électricité à leur surface. Mais nulle part cette influence n'est plus sensible que sur les parties des corps terminées par des arêtes vives, des angles aigus, des pointes coniques ou pyramidales. Dans ces parties, l'électricité s'accumule et acquiert une intensité assez grande pour s'écouler dans le milieu ambiant, alors même que ce milieu est très peu conducteur. On nomme *pouvoir des pointes* cette propriété, dont la découverte est due à B. Franklin, et date de plus d'un siècle [1].

On a calculé qu'au sommet d'une pointe conique la tension électrique est infinie, de sorte qu'il doit être impossible de charger d'électricité un corps conducteur muni d'un tel prolongement; c'est ce que l'expérience confirme. A mesure que l'électricité se développe, elle s'écoule dans le milieu ambiant et disparaît. Quand on examine l'extrémité de la pointe dans l'obscurité, on aperçoit une aigrette lumineuse, dont nous étudierons plus loin la forme et la couleur. Si, pendant que la pointe est en communication avec la source électrique, on place la main en avant ou au-dessus, on sent un souffle qui indique un mouvement continu des particules d'air; on rend ce mouvement très sensible en plaçant sur le prolongement de la pointe la flamme d'une bougie (fig. 52). Le *vent électrique* est assez intense pour courber la flamme ou même pour l'éteindre. Cette agitation de l'air, à l'ex-

1. Dans une lettre écrite par le célèbre physicien américain à P. Collinson, et datée du 1er septembre 1747, sont décrites plusieurs expériences ayant pour objet de montrer « l'étonnant effet des corps pointus, tant pour *tirer* que pour pousser le feu électrique ». C'est en se basant sur ce pouvoir des pointes que Franklin, deux ans plus tard, conçut la première idée des paratonnerres.

trémité des pointes des conducteurs électrisés, avait d'abord été attribuée à l'écoulement réel de l'électricité, qu'on assimilait à un fluide; mais l'explication

Fig. 52. — Pouvoir des pointes. Vent électrique.

suivante nous semble préférable, parce qu'elle n'exige aucune hypothèse sur la nature de l'électricité, et d'ailleurs se trouve d'accord avec les phénomènes connus. Les molécules d'air qui se trouvent en contact avec la pointe, électrisée à une tension considérable, se chargent d'électricité de même nom que celle du conducteur. Dès lors il y a répulsion, et les molécules, en s'éloignant, cèdent la place à d'autres qui s'électrisent à leur tour, et ainsi de suite. De là le courant d'air que l'observation constate, courant qui n'est continu qu'autant que la charge électrique est sans cesse renouvelée.

La force avec laquelle l'air est chassé au-devant d'une pointe, engendre une réaction qui doit pousser la pointe en sens contraire; et si cette pointe ne se meut pas, c'est qu'elle n'est pas libre. L'existence de cette réaction est mise en évidence dans un petit appareil qu'on nomme *tourniquet électrique* (fig. 53).

Fig. 53. — Tourniquet électrique.

Sur un support métallique, on place un système de rayons divergents réunis au centre par une chape qui permet le mouvement du système dans un plan horizontal. Chaque rayon est recourbé en pointe aiguë dans le même sens. Dès qu'on charge le conducteur sur lequel le tourniquet est placé, on voit celui-ci prendre un mouvement de rotation dans une direction opposée à celle des pointes.

Nous avons donné une idée des expériences qui ont conduit Coulomb à formuler les lois des actions électriques, en raison directe des masses et en raison inverse du carré des distances. Cette démonstration expérimentale est délicate et difficile; avec quelque soin que l'on conduise les expériences, les erreurs sont inévitables et ne permettent d'arriver qu'à une vérification approximative. Il est donc intéressant de savoir que la loi du carré des distances se démontre indirectement en soumettant à l'analyse la question de la distribution de l'électricité à la surface des corps conducteurs. Les faits que nous venons d'exposer dans ce paragraphe s'expliquent tous en effet dans l'hypothèse de la loi du carré des distances. Alors, ainsi que Newton l'a du reste démontré pour la pesanteur, une enveloppe sphérique électrisée ne doit exercer aucune action sur un point situé à son intérieur. De même, toute couche sphérique uniformément électrisée en tous ses points agit sur un point extérieur comme si toutes les actions répulsives étaient réunies en son centre. Il résulte de là que, si l'on considère une sphère électrisée comme partagée en couches concentriques infiniment minces, toute molécule électrique située à la surface de l'une d'elles ne recevra aucune action de l'électricité des couches extérieures, tandis qu'elle sera repoussée par le fluide que pourraient contenir les couches internes. Cette molécule sera donc forcée de s'éloigner du centre jusqu'à ce qu'elle arrive à la surface, où l'action du milieu ambiant, supposé mauvais conducteur, la maintiendra. C'est bien là ce que l'expérience constate. Toute autre hypothèse sur la loi de variation des actions électriques avec la distance serait incompatible avec la distribution du fluide à la surface des conducteurs.

Ainsi est confirmée l'exactitude de cette loi, dont l'importance théorique est d'autant plus grande qu'on voit l'électricité soumise, dans ses modes d'action, aux mêmes variations que la gravitation universelle.

CHAPITRE III

INFLUENCE OU INDUCTION ÉLECTRIQUE

I

Phénomènes d'induction électrique. Électrisation par influence.

Quand un corps est à l'état naturel, nous venons de voir qu'il y a deux moyens de l'électriser : le frottement, ou le contact avec un corps préalablement électrisé. Les phénomènes que nous allons décrire maintenant prouvent que dans ce dernier cas le contact n'est pas nécessaire.

Prenons en effet (fig. 54) un corps électrisé C, — c'est ici une sphère métallique montée sur une colonne de verre, — et plaçons dans son voisinage, à distance suffisamment petite, un conducteur cylindrique AB, d'une grande longueur et dont les extrémités sont terminées par des calottes hémisphériques d'un diamètre notablement moindre que celui de la sphère électrisée. Le conducteur AB est d'ailleurs isolé, soit par un pied de verre qui le supporte, soit par des fils de soie enduits de gomme laque à l'aide desquels il est suspendu ; il est d'abord à l'état naturel. Les deux corps ne sont pas plutôt en présence, que le conducteur AB donne des signes manifestes d'électrisation. On peut s'en assurer en approchant de ses deux extrémités la balle de sureau d'un pendule électrique, et en constatant qu'elle est attirée par le conducteur, ou mieux, en observant de

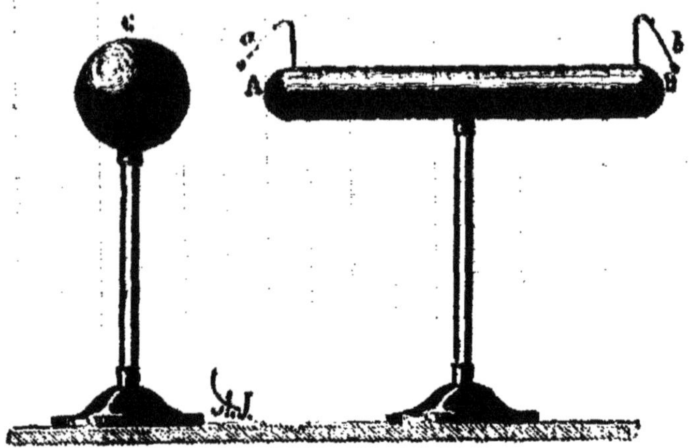

Fig. 51. — Électricité développée par influence ou induction.

petits pendules *a*, *b*, fixés en différents points du cylindre, et formés de balles de sureau suspendues à des fils conducteurs. Ces balles se trouvent chargées au contact de la même électricité que les points qu'elles touchent : de là une répulsion qui se manifeste par la déviation de la verticale des fils des pendules. Ce mode de production de l'électricité, ainsi développée à distance par un corps électrisé sur un conducteur à l'état naturel, se nomme *électrisation par influence* ou *par induction*.

Les premiers phénomènes d'influence électrique qui aient été observés sont ceux de l'attraction des corps légers par l'ambre, c'est-à-dire remontent à l'origine même de la découverte de l'électricité; nous allons voir en effet que les corps attirés sont électrisés eux-mêmes aussitôt que le morceau d'ambre frotté se trouve en leur présence à une distance suffisamment petite : l'attraction n'est donc au fond qu'un phénomène d'influence. Mais ce n'est qu'au milieu du siècle dernier que l'interprétation dont il s'agit fut adoptée. Gray avait bien remarqué déjà qu'une corde isolée devient électrique lorsqu'on en approche, sans la toucher, un tube de verre électrisé; antérieurement, Otto de Guericke avait observé que des fils suspendus à une faible distance du globe de soufre de sa machine éprouvaient une répulsion quand il en approchait le doigt. Mais ni l'un ni l'autre n'avaient compris l'importance de ces faits. C'est à Canton (1753) que revient l'honneur d'avoir signalé nettement l'électrisation par influence. Æpinus, quelques années plus tard, alla plus loin en distinguant la nature de l'électricité induite sur les diverses parties du corps soumis à l'influence. Décrivons maintenant les expériences qui montrent comment l'électricité ainsi développée se trouve distribuée sur le corps électrisé.

Si la sphère C (fig. 55) est chargée d'électricité *positive*, l'extrémité A du cylindre la plus voisine de la sphère est électrisée *négativement*, l'extrémité B l'est au contraire *positivement*. On s'assure de ce double fait, en présentant successivement aux deux extrémités un petit pendule isolé, dont la balle est chargée d'une électricité connue, d'électricité positive par exemple; approchée avec précaution de A, elle est attirée; de B, elle est repoussée. C'est l'inverse qui aurait lieu, si la sphère C eût été chargée d'électricité *négative*.

Pour étudier la distribution de ces deux électricités opposées sur le cylindre conducteur, on suspend à diverses distances des pendules doubles à fils conducteurs, et l'on observe la plus ou moins grande divergence des balles (fig. 55). On trouve alors que la tension électrique est maximum à chaque extrémité, et qu'elle diminue progressivement de chacun de ces points extrêmes vers une région moyenne M, où elle est nulle, et que pour cette raison on nomme *ligne neutre*. Mais cette section du cylindre, qui se trouve ainsi restée à l'état naturel, est plus rapprochée de l'extrémité voisine de la sphère que de l'autre : elle n'est pas au milieu du conducteur électrisé par influence. Ajoutons que la tension électrique est aussi plus grande en A qu'en B. Les choses étant en cet état, éloignons graduellement la sphère.

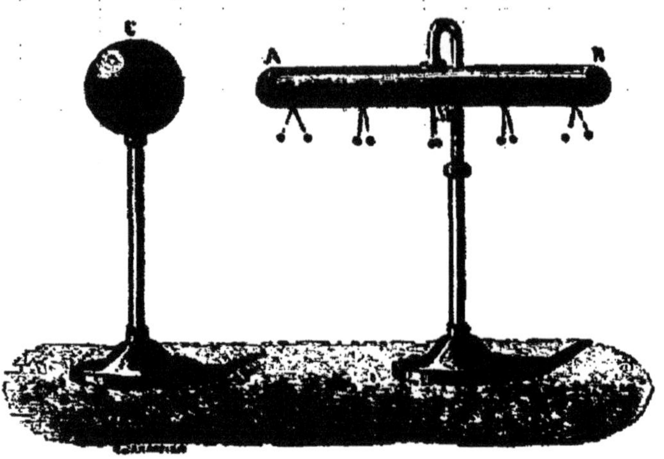

Fig. 55. — Distribution de l'électricité sur un conducteur isolé électrisé par influence.

On voit alors les balles des pendules se rapprocher peu à peu, et revenir au contact quand la distance est suffisamment grande. Alors toute influence cesse : le cylindre conducteur revient à l'état naturel; il reprendrait aussi instantanément ce même état si, au lieu d'éloigner la sphère, on la déchargeait de son électricité en la mettant en communication avec le sol.

Il est à remarquer que l'action de la sphère inductrice sur le conducteur voisin est accompagnée d'une réaction de ce dernier sur la sphère. On constate en effet que la distribution de l'électricité n'y est plus uniforme, et que la densité électrique est plus grande à l'extrémité du diamètre la plus voisine du cylindre induit qu'à l'extrémité opposée. On s'en assure en touchant successivement ces deux extrémités avec un plan d'épreuve.

Dans l'expérience que nous venons de décrire, le conducteur électrisé par influence était isolé. Supposons qu'après l'avoir mis en présence de la sphère *inductrice*, — c'est ainsi qu'on nomme le corps électricisé qui agit par influence, — on fasse communiquer avec le sol l'extrémité la plus éloignée. Aussitôt toute l'électricité dont était chargée cette partie du cylindre disparaît, et ce dernier ne contient plus que l'électricité opposée à celle de la sphère, mais à une tension plus grande, comme le prouve l'écart plus considérable des pendules : le maximum de tension est toujours en A, et la ligne neutre a disparu. La nature de l'électricité restante, sa distribution sur le conducteur ou sa tension aux divers points seraient encore les mêmes si, au lieu de le toucher en B, on avait fait communiquer avec le sol tout autre point du cylindre, même l'extrémité A. Enfin si, après avoir établi cette communication, on la supprime, tout reste encore dans le même état, c'est-à-dire que le conducteur est toujours chargé de l'électricité opposée à celle de la sphère inductrice, inégalement distribuée. En éloignant alors cette sphère, l'électricité reste sur le conducteur; seulement, elle se distribue également sur toutes les parties de sa surface, et l'on a un corps électrisé par influence et chargé d'électricité, comme s'il l'eût été directement par le frottement ou au contact.

Quand on met en présence d'une source telle que la sphère électrisée, non plus un seul conducteur, mais une série de conducteurs placés à la suite les uns des autres, AB, A'B', etc. (fig. 56), tous se trouvent simultanément électrisés par influence; mais la tension électrique sur chacun des cylindres va en diminuant avec la distance, bien qu'elle soit

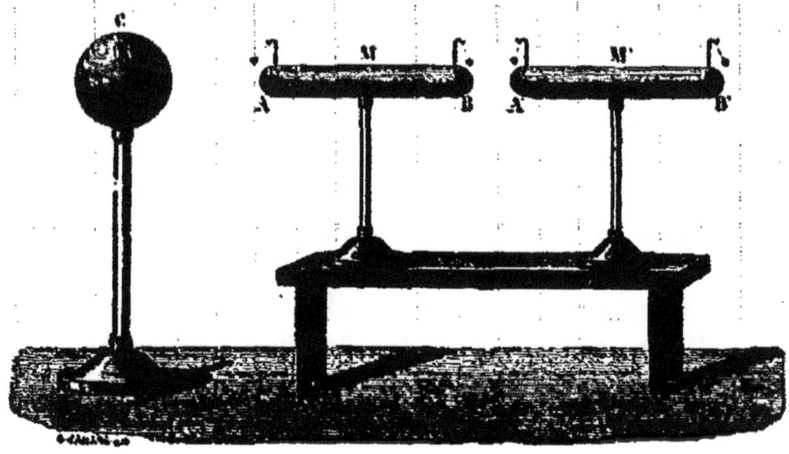

Fig. 56. — Électrisation par influence d'une série de conducteurs.

plus forte sur A'B' par exemple qu'elle ne serait si, le conducteur AB étant enlevé, l'influence n'était exercée que par la sphère inductrice. Cette dernière observation prouve que chaque conducteur agit par influence, et contribue à électriser celui qui le suit dans la série.

Les faits qui précèdent ont une grande importance. Ils sont la conséquence naturelle de l'hypothèse des deux fluides dont les molécules se repoussent ou s'attirent, selon qu'elles sont de même nature ou de nature contraire. Ils nous permettront en outre d'expliquer plus complètement les phénomènes d'attraction et de répulsion, d'électrisation au contact, etc. Entrons dans quelques détails sur ces divers points.

On a vu qu'un corps, à l'état naturel, renferme à la fois les deux espèces d'électricités, l'électricité positive et l'électricité négative, mais en proportion telle qu'elles se neutralisent. Vient-on à le frotter à l'aide d'un second corps, on détermine sur chacun d'eux une séparation des deux électricités : l'une d'elles passe sur l'un des corps frottés et l'autre sur l'autre, où, se trouvant de chaque côté en excès quand on éloigne les corps (isolés s'ils sont bons conducteurs), elles manifestent leur présence par les phénomènes que nous avons décrits.

Voyons maintenant comment s'explique l'électrisation par influence, c'est-à-dire comment on rend compte des phénomènes que nous a présentés le cylindre conducteur placé dans le voisinage de la sphère électrisée. L'électricité positive de cette sphère attire l'électricité négative et repousse l'électricité positive du conducteur : la première se porte vers l'extrémité A (fig. 54); la seconde est refoulée vers l'extrémité B. Mais l'attraction est plus forte en A que la répulsion en B, parce que la distance à la source est moindre pour la première région que pour la seconde : voilà pourquoi la ligne neutre est plus rapprochée de A que de B. Quand on met le conducteur en communication avec le sol, c'est comme si on allongeait indéfiniment ce corps, ce qui explique l'accroissement de tension de l'électricité négative en A; la ligne neutre indéfiniment reculée n'est plus placée sur ce cylindre, de sorte que si l'on rompt brusquement la communication, on ne trouve plus sur le cylindre que de l'électricité négative inégalement distribuée sur sa surface, à cause de l'inégalité d'action de la sphère sur des points qui sont situés à des distances croissantes.

La même hypothèse va nous rendre compte des premiers phénomènes que nous avons étudiés, c'est-à-dire de l'attraction et de la répulsion des corps neutres, ou à l'état naturel, par un corps électrisé.

Quand on approche la balle de sureau du pendule électrique d'un cylindre de verre C, chargé d'électricité positive, qu'arrive-t-il? L'électricité neutre de la balle est décomposée par influence : la positive est repoussée en *b* si le fil est isolant, ou refoulée dans le sol s'il est conducteur; la négative est attirée en *a*.

Dans les deux cas, la tendance qu'ont à se rejoindre l'électricité négative de la balle et l'électricité positive du bâton fait dévier le pendule de la verticale : il y a attraction (fig. 57). S'il y a contact, les électricités se combinent, et la balle reste chargée

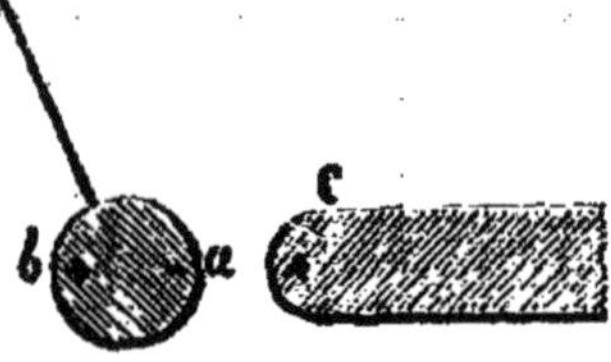

Fig. 57. — Cause de l'attraction des corps légers.

d'électricité positive, pourvu toutefois qu'elle soit isolée. De là répulsion entre les deux électricités de même nature que contiennent en ce moment les deux corps en présence. Quand la balle n'est pas isolée, l'électricité positive est refoulée dans le sol, et le contact détermine la combinaison des deux électricités contraires; la balle revient à l'état naturel, et il n'y a pas de répulsion. Tous ces faits, nous l'avons vu dans le chapitre précédent, sont ceux que l'observation constate.

L'électrisation d'un corps conducteur isolé, par le contact d'un corps déjà électrisé, s'explique aussi aisément. Avant le contact, l'électricité neutre du conducteur est décomposée par influence : il y a attraction de l'électricité positive, par exemple, du corps préalablement électrisé, pour l'électricité négative du conducteur, et répulsion de l'électricité positive. Le contact détermine la combinaison, dans une certaine proportion, des électricités qui s'attirent, et il reste sur le conducteur un excès d'électricité positive. De là une charge d'électricité de même nature que celle de la source électrique, ce qui fit croire d'abord que l'électrisation se faisait par une sorte d'écoulement de l'électricité qu'on assimilait à un fluide : et l'hypothèse paraissait d'autant mieux fondée que le contact diminuait la charge électrique de la source. En réalité, il n'y a pas de partage d'électricité entre les deux corps, mais bien une action de décomposition par influence, puis une combinaison partielle. Cette combinaison a lieu souvent à travers

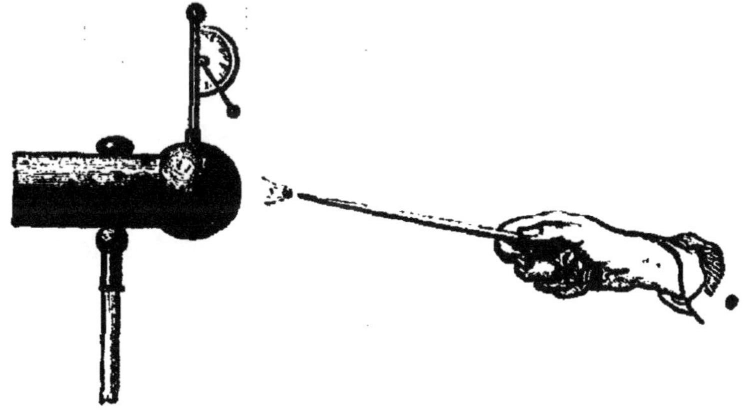

Fig. 58. — Explication du pouvoir des pointes.

l'air un peu avant le contact, et elle est, comme nous l'avons vu, accompagnée d'une explosion et d'une étincelle.

Enfin, l'action des pointes trouve aussi dans l'hypothèse précédente une explication plus complète que celle que nous avions vaguement indiquée plus haut. Quand on présente à un corps électrisé un conducteur terminé par une pointe, l'électricité neutre de ce conducteur est décomposée par influence; et comme l'électricité opposée à celle du corps électrisé possède à l'extrémité de la pointe une tension infinie, il se fait une combinaison rapide des deux électricités de noms contraires : le corps électrisé se trouve déchargé. Franklin, en employant les expressions de « fluide ou de feu électrique *tiré* ou *poussé* par les pointes », traduisait en langage vulgaire et par des mots de sens opposés un phénomène identique dans les deux cas.

II

Phénomènes d'influence entre des corps mauvais conducteurs. L'électrophore.

Dans ce qui précède, on a toujours supposé que le corps qui subit l'influence ou le corps induit est un bon conducteur de l'électricité, comme le corps influent ou électrisé l'est lui-même. Les phénomènes seraient les mêmes, au degré près, si ce dernier était mauvais conducteur. En ce cas, la réaction sur le corps influent serait en effet moindre, le fluide électrique ne se déplaçant qu'avec difficulté à la surface d'un mauvais conducteur. Alors, si l'on met en contact les surfaces des deux corps, inducteur et induit, il n'y a pas de recomposition brusque des électricités, il ne se produit point d'étincelle, et les deux surfaces restent chargées de fluides contraires. On va voir bientôt que cette propriété a été utilisée pour la construction de l'appareil connu sous le nom d'*électrophore*. Avant de le décrire, examinons brièvement ce qui se passe quand on fait agir un corps électrisé sur un mauvais conducteur maintenu à une certaine distance.

Dans ce cas, l'influence électrique est très faible : on comprend même qu'elle serait nulle, si l'on avait affaire à un corps dont la conductibilité fût nulle, à un isolant absolu. Dans la réalité, un tel corps n'existe point; nous avons vu que les substances isolantes les meilleures conduisent toujours quelque peu l'électricité, et une expérience très simple le prouve. Qu'on approche en effet une sphère électrisée d'un pendule formé d'une boule de gomme laque, ou d'une aiguille de même substance suspendue horizontalement par un fil de soie sans torsion. On observera une attraction ou une déviation sensible, moindre que si la boule ou l'aiguille était conductrice. Il y a donc décomposition par influence de l'électricité neutre du corps non conducteur. Matteucci en effet a constaté que les deux extrémités de l'aiguille suspendue sont électrisées en sens contraire; et, si l'on enlève la sphère inductrice, l'aiguille induite revient aussitôt à l'état neutre.

Décrivons maintenant l'électrophore. Cet instru-

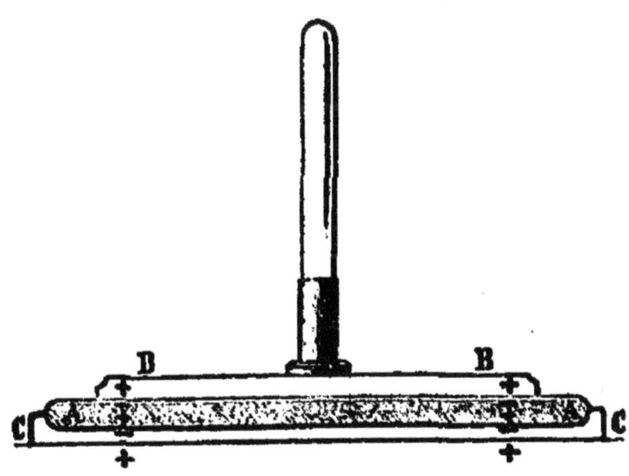

Fig. 59. — Electrophore.

ment, dont le principe repose sur la loi des phénomènes d'influence électrique, est dû à Volta, qui lui a donné le nom d'*électrophore perpétuel*, à cause de sa propriété de conserver fort longtemps les charges d'électricité qu'il reçoit.

Il est formé d'un disque de matière isolante AA (fig. 59), résine, soufre, caoutchouc par exemple, coulé dans un moule en bois ou en laiton CC, et d'un plateau conducteur BB muni d'un manche isolant en verre, ou porté par des cordons de soie. Le plus souvent, le plateau BB, dont le diamètre est un peu moindre que celui du disque isolant, est en bois entièrement recouvert sur sa tranche et ses faces d'une feuille d'étain.

Pour se servir de l'électrophore, on enlève le plateau conducteur et l'on électrise le gâteau isolant en le frappant obliquement à l'aide d'une peau de chat. Cette friction développe à la surface de la résine de l'électricité négative, souvent si abondante qu'à l'approche du doigt il se produit des étincelles accompagnées de crépitations. Prenant alors le plateau par le manche isolant, on le pose sur le disque électrisé. Dans cet état, aucun signe d'électrisation ne se manifeste. Mais l'électricité négative de la résine agit par influence sur le fluide neutre du plateau, le décompose, attire à sa surface inférieure l'électricité positive et repousse sur la surface supérieure l'électricité négative. La présence de cette dernière pourrait aisément se reconnaître à l'aide d'un électroscope.

Si maintenant on touche avec le doigt la face supérieure du plateau (fig. 60), l'électricité négative dont elle est chargée s'écoule dans le sol; qu'on enlève alors le plateau à l'aide du manche de verre, on le trouvera chargé d'électricité positive répandue en tous les points de sa surface, et, en approchant la main, on en tire une étincelle dont la longueur dépend en général des dimensions de l'électrophore [1]. La production de l'étincelle est due à la recomposition

1. « Lichtenberg, dit M. Mascart dans son *Traité*, construisit un électrophore dont le gâteau avait 6 pieds de diamètre, le plateau 5 pieds, et il en tirait des étincelles de 14 à 16 doigts de longueur. » On cite aussi comme l'un des plus grands électrophores connus celui que Kleindworth exécuta pour l'université de Gœttingue, et dont le gâteau de résine avait un diamètre de $2^m,25$, et le plateau conducteur 2 mètres.

de l'électricité positive avec la négative du corps et par conséquent ramène le plateau à l'état naturel. Mais le gâteau électrisé reste chargé comme aupara-

Fig. 60. — Manœuvre de l'électrophore.

vant, et l'on peut recommencer l'opération un grand nombre de fois, sans être obligé d'électriser à nouveau l'appareil, qui peut conserver sa charge pendant des mois entiers, si l'on prend la précaution de l'enfermer dans un endroit où l'air reste parfaitement sec.

Nous avons dit que le disque isolant de l'électrophore est formé de résine, de soufre ou de caoutchouc. Toute substance isolante est bonne en effet pour cet usage; mais on forme ordinairement divers mélanges de ces substances, afin de rendre le disque moins cassant. On voyait à l'Exposition internationale d'Électricité, dans la section italienne, deux électrophores dont l'un était formé de cire à cacheter très mince, et l'autre d'un mélange de 3 parties de térébenthine, de 2 de colophane et de 1 partie de cire avec quelques parcelles de minium. Voici le mélange le plus usité aujourd'hui :

Colophane....................	250	grammes.
Térébenthine.................	60	—
Gomme arabique............	500	—
Suif...........................	15	—

On fait aussi beaucoup d'électrophores en ébonite ou caoutchouc durci; toutefois les gâteaux de cette substance ont l'inconvénient de s'altérer à la surface sous l'influence des agents atmosphériques et aussi de se gauchir.

L'électrophore est, comme on vient de le voir, une sorte de réservoir d'électricité, réservoir très commode en ce qu'il ne nécessite, pour être rempli, qu'une manœuvre insignifiante et qu'il reste longtemps à la disposition du physicien pour ses expériences. Mais, pour s'en servir, il ne faut pas négliger certaines précautions dont nous allons parler et qui vont nous renseigner en outre sur la façon dont l'électricité est distribuée dans les corps mauvais conducteurs.

On comprend déjà que si, après avoir électrisé le gâteau isolant, et posé à sa surface le plateau conducteur, on retirait ce dernier sans le mettre en communication avec le sol, il reviendrait à l'état naturel. Alors en effet les deux fluides contraires, que l'influence de l'électricité de la résine sépare tant que les disques restent au contact, se combinent à nouveau quand on les éloigne. Mais un autre phénomène curieux est celui-ci : si le moule conducteur qui porte le gâteau est lui-même isolé, l'appareil cesse de fonctionner, ou du moins ne produit plus que de très faibles résultats Comment explique-t-on ce phénomène? Le voici : On doit observer d'abord que lorsqu'on électrise le gâteau isolant, en même temps qu'il prend de l'électricité négative sur la face qui a subi le frottement de la peau de chat, sa face inférieure se charge d'électricité positive. Celle-ci agit par influence sur le moule métallique, décompose son fluide neutre, attire l'électricité négative et refoule dans le sol l'électricité positive si le moule n'est pas isolé. Dans cette hypothèse, cette seconde décomposition ne gêne en rien l'action de l'électricité négative du gâteau sur le plateau conducteur. Au contraire, si le moule est isolé, l'électricité positive du moule n'étant point refoulée dans le sol, contrebalance en partie l'action de cette électricité négative de la résine, qui se trouve affaiblie d'autant.

Les phénomènes d'induction ou d'influence électrique ont, avec ceux que nous avons étudiés dans le livre Ier sous la dénomination de phénomènes d'induction magnétique, une analogie qu'il est impossible de méconnaître. Une file de conducteurs placés à la suite les uns des autres en présence d'un corps électrisé est comparable aux éléments d'une chaîne magnétique : de même que ceux-ci acquièrent deux pôles placés de telle sorte que les pôles de noms contraires sont tournés les uns vers les autres, de même les conducteurs de cette sorte de chaine électrique que nous supposons, sont tous affectés des deux électricités opposées, ou, si l'on veut, sont polarisés dans un même sens. Cet état électrique est temporaire comme l'état magnétique du fer doux : il disparaît aussitôt que le corps inducteur se trouve éloigné.

Cette polarisation existe de molécule à molécule dans tout corps électrisé, bon ou mauvais conducteur; mais il y a entre ces deux classes de corps une

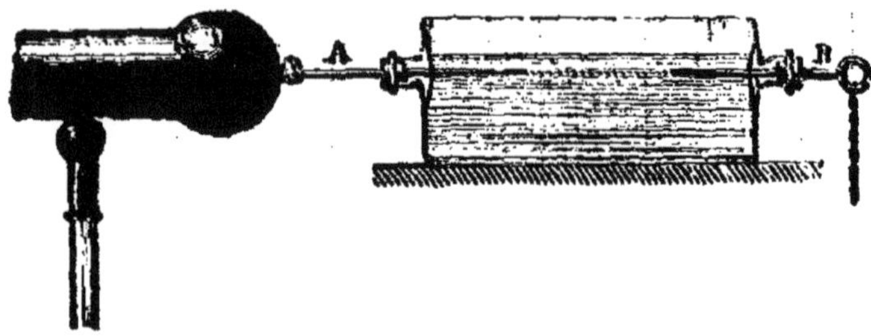

Fig. 61. — Expérience de Faraday sur l'électrisation polaire des mauvais conducteurs.

différence essentielle. Tandis que, dans un corps bon conducteur, les fluides séparés passent rapidement et facilement d'une molécule à l'autre, par une série de compositions et de décompositions successives, de sorte que l'état de polarisation moléculaire est aussitôt détruit que produit, dans les substances isolantes la propagation de l'électricité se fait avec une lenteur relative, qui dépend à la fois de l'intensité de l'action exercée et du pouvoir isolant de chaque substance. On fait diverses expériences qui prouvent l'électrisation polaire des molécules dans les corps non conducteurs. Décrivons-en quelques-unes.

Dans un vase (fig. 61) rempli d'essence de térébenthine, on introduit au sein du liquide des fragments ténus de fils de verre ou de brins de soie. Le vase est percé latéralement de deux tubulures que traversont deux tiges métalliques, A et B, terminées en pointe et placées en regard l'une de l'autre. On fait communiquer l'une de ces tiges A avec une source d'électricité, l'autre B avec le sol par une chaîne métallique. Alors on voit les fragments flottants se rassembler de toutes les parties du liquide et former entre les deux pointes une file matérielle continue. Cette sorte de chaîne électrique offre une certaine résistance, et si l'on vient à la rompre à l'aide d'une tige de verre, elle se reforme aussitôt, indiquant ainsi l'état de polarisation électrique moléculaire du liquide qui en soutient les éléments. Si l'on remplace les fils isolants par de petits fragments d'un corps conducteur, des parcelles d'or par exemple, on aperçoit une série de petites étincelles jaillissant le long de la chaîne. Cette expérience est due à Faraday.

Matteucci ayant électrisé un faisceau de lames de mica très minces, puis l'ayant démonté en se servant de pinces de verre, reconnut que chaque lame était électrisée positivement sur l'une des faces et négativement sur l'autre; l'intensité allait en décroissant des lames extérieures à celle du milieu. Une expérience semblable a été faite par Buff sur un assemblage de disques de résine très minces.

Ces dernières expériences, outre qu'elles montrent comment se distribue l'électricité dans les corps isolants, prouvent aussi qu'elle ne se propage pas seulement à la surface, qu'elle pénètre dans l'intérieur à une certaine profondeur. On vérifie encore l'exactitude de cette pénétration électrique de la manière suivante : On prend une bougie qu'on laisse en contact par sa base avec une machine électrique : cette base se charge d'électricité positive. On enlève la bougie, on la touche avec la main ou avec une plaque métallique, ou mieux encore on la fait fondre superficiellement. Quelque temps après, la base de la bougie, qui était d'abord revenue à l'état neutre, donne de nouveau des signes d'électricité positive. Cette électricité vient évidemment des couches intérieures. On doit à Matteucci d'intéressantes expériences sur la pénétration de l'électricité à l'intérieur des corps isolants. Il employait pour cela des plaques ou des cubes de *spermaceti* (blanc de baleine).

III

Figures de Leichtenberg.

Les propriétés qu'ont les mauvais conducteurs de conserver fort longtemps l'électricité développée sur leur surface, n'est pas la seule que l'électrophore permette de mettre en évidence. On peut aussi, à l'aide de cet appareil, faire de curieuses expériences sur le mode de propagation ou de distribution de chaque espèce d'électricité autour des points de la surface isolante électrisée.

Par exemple, si, après avoir enlevé le plateau conducteur de l'électrophore chargé d'électricité positive, on le met en contact avec le gâteau par un point de sa tranche, une étincelle se produit. L'électricité positive du plateau s'est brusquement combinée avec l'électricité négative du gâteau, au point de contact; mais on peut s'assurer qu'un excès d'électricité positive s'est répandu sur la résine, où elle forme une plage circulaire d'une certaine largeur qui environne le point de contact. Pour cela, on prend un mélange de minium et de soufre réduits l'un et l'autre en poudre très fine, et, à l'aide d'un soufflet, on projette le mélange sur le gâteau de l'électrophore. En passant par la tuyère du soufflet, les deux poudres (qu'on peut aussi agiter auparavant) s'électrisent : le soufre prend l'électricité négative. La pre-

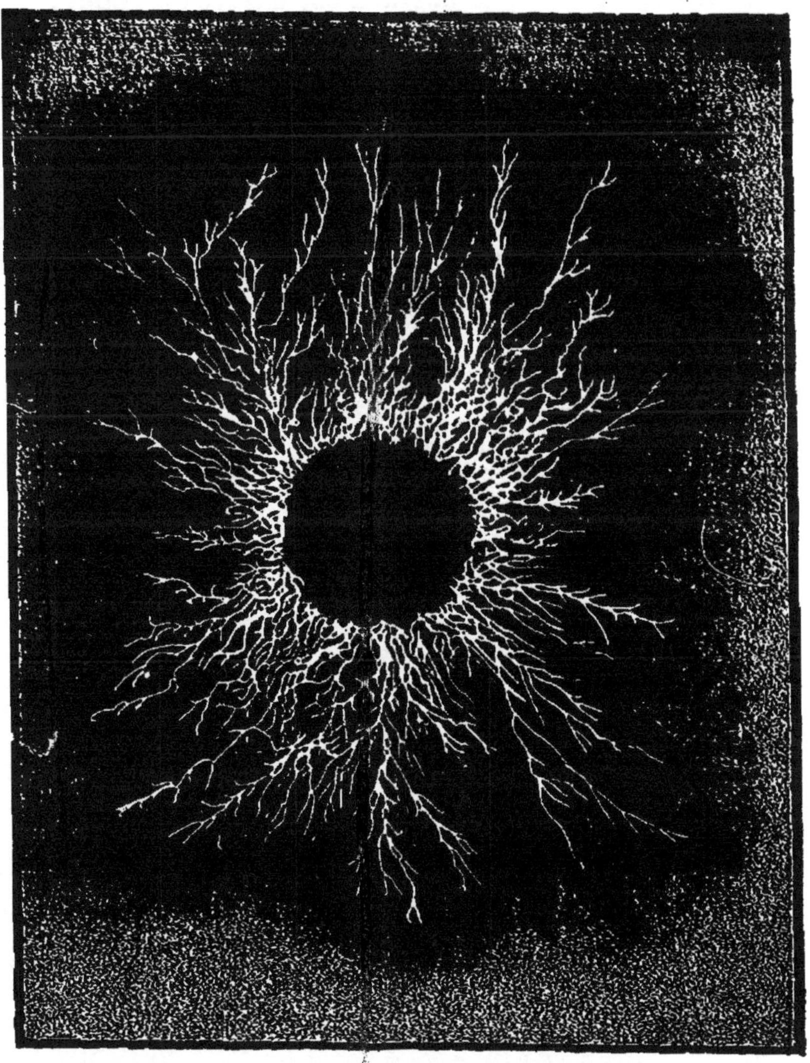

Fig. 62. — Figures de Leichtenberg. Électricité positive.

mière poudre est attirée par tous les points de la surface du gâteau qui ont gardé l'électricité positive ; le minium, par ceux qui ont l'électricité négative.

On aperçoit alors une plage jaune autour du point de contact; une zone neutre noire se montre ensuite, et tout le reste de la surface est coloré en rouge.

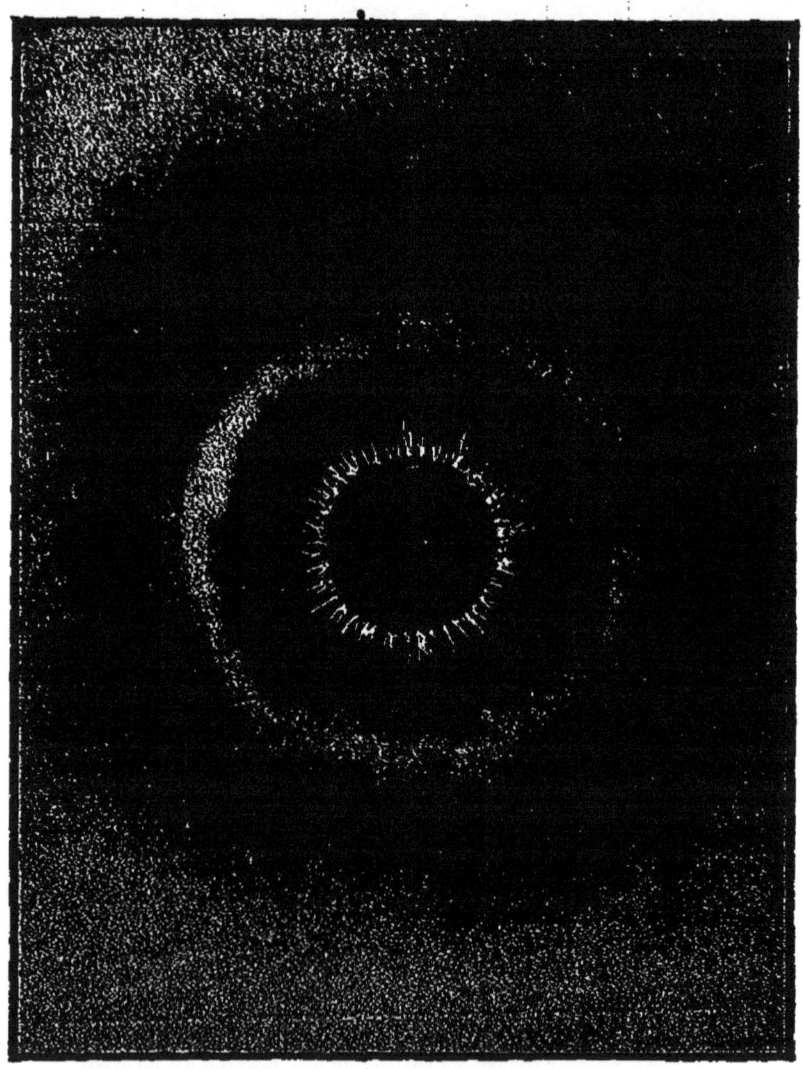

Fig. 63. — Figures de Leichtenberg. Électricité négative.

On obtient des figures quelconques, des caractères ou dessins, en promenant soit la tranche du plateau sur le gâteau de l'électrophore, soit le bouton d'une bouteille de Leyde, soit enfin simplement le doigt, pourvu que le gâteau ait été fortement électrisé.

On nomme les dessins ainsi obtenus *figures de Leichtenberg*, du nom du physicien allemand qui a fait le premier ces expériences singulières. Les figures 62 et 63 sont des fac-similé de dessins qu'a faits obligeamment pour nous M. Saint-Edme, au Conservatoire des Arts et Métiers, et qui montrent le mode très différent dont chaque espèce d'électricité se distribue à la surface de la résine. Une expérience d'Æpinus, que le procédé des figures de Leichtenberg met en évidence d'une façon saisissante, montre également cette distribution des deux électricités, par zones alternatives, sur les mauvais conducteurs. Elle consiste à mettre en contact l'extrémité d'une tige de verre avec le conducteur d'une machine électrique. Après avoir laissé quelque temps le verre se charger d'électricité, on le retire, et l'on trouve à la surface de la tige, dans le voisinage du point de contact, une zone d'électricité positive, qui est celle de la machine, au delà une zone négative, puis une seconde zone positive. En projetant sur la tige de la poudre mélangée de minium et de soufre, on voit jusqu'à cinq ou six bandes alternativement jaunes et rouges.

Leichtenberg a varié de cent manières les expériences de ce genre.

En résumé, les deux espèces d'électricité, que nous avons distinguées dès le début par la différence de leur mode d'action dans les phénomènes d'attraction et de répulsion, peuvent encore être caractérisées par la façon très différente dont elles se propagent à la surface des mauvais conducteurs. C'est à ce titre principalement que les expériences des figures de Leichtenberg sont intéressantes.

CHAPITRE IV

LES MACHINES ÉLECTRIQUES

I

Les premières machines électriques. Aperçu historique.

A l'origine, les physiciens qui étudiaient les phénomènes électriques se bornaient, pour faire leurs expériences, à soumettre directement à la friction les corps qu'ils voulaient électriser. Ils employaient le plus souvent, ainsi qu'on l'a vu plus haut, des bâtons de résine ou de cire d'Espagne, des tubes de verre, etc. L'usage vint ensuite, pour obtenir une plus grande quantité d'électricité, de se servir d'un long tube de verre, de 3 pieds de longueur environ, de 12 à 15 lignes de diamètre et d'une ligne d'épaisseur. On le frottait avec la main nue, bien sèche, ou, si la transpiration rendait celle-ci un peu humide, avec une feuille de papier gris préalablement séchée au feu. Otto de Guericke imagina une sorte de machine électrique formée d'un globe de soufre fondu qu'il faisait tourner autour d'un axe, à l'aide d'une manivelle : le tout était disposé comme la meule d'un rémouleur. Pendant qu'une personne imprimait au globe un mouvement de rotation rapide, une autre appuyait contre l'équateur de cette sphère les paumes des deux mains; la friction développait à la surface du soufre une électricité abondante. L'expérimentateur enlevait alors le globe par son axe et s'en servait directement pour ses expériences. Plus tard (1740), un professeur de physique de Wittemberg, Bose, substitua au globe de soufre un globe de verre et perfectionna le mécanisme qui produit le mouvement de rotation. Mais la plus importante modification apportée par ce physicien fut celle qui consista à recueillir l'électricité développée sur le verre. Il employait pour cela un cylindre métallique (en fer-blanc) suspendu au-dessus du globe de la machine par des cordons de soie, et par conséquent isolé. Pour faire passer sur ce conducteur l'électricité du verre, on disposait le cylindre de telle sorte que son extrémité se trouvât à une très petite distance au-dessus du diamètre vertical du globe. Des étincelles s'échappaient entre ce dernier et le cylindre, qui restait chargé de la même électricité que celle que le frottement avait produite à la surface du verre. On employait encore, pour communiquer l'électricité au conducteur, une chaîne métallique descendant du cylindre où elle était enroulée sur la sphère de verre.

Des perfectionnements successifs amenèrent peu à peu les machines électriques à frottement à la forme qu'on leur donne encore aujourd'hui dans la plupart des laboratoires de physique. Signalons-les brièvement.

On modifia d'abord la forme des corps soumis au frottement. Watson employa à la fois quatre globes de verre; Wilson, Cavallo, Nairne substituèrent la forme cylindrique à la forme sphérique; Sigaud de la Fond, Le Roy, Cuthberson et enfin Van Marum et Ramsden remplacèrent les globes et les cylindres par des plateaux de cristal ou de verre. L'avantage de cette substitution fut de permettre de donner une grande surface au corps frotté et d'éviter les inconvénients provenant d'une rotation rapide.

Un autre progrès consista dans l'emploi de coussins de laine ou de cuir, qu'on recouvrit de feuilles d'étain, d'amalgame d'étain ou de zinc; on se sert aujourd'hui d'or mussif (deutosulfure d'étain), qui adhère à la surface du cuir enduit préalablement d'une légère couche de suif. Ce sont en réalité ces coussins qui constituent le corps frottant.

L'électricité passait sur les conducteurs métalliques par des décharges successives se manifestant par une série d'étincelles, ou encore, à l'aide de chaînes, de bandes d'étoffe réunissant le conducteur isolé aux globes de verre de la machine. Pour la première fois, Wilson utilisa à cet effet le pouvoir des pointes, que Franklin venait de découvrir. Le conducteur de sa machine était un cylindre terminé par des boules et que soutenaient des cordons de soie. Une tige métallique descendait du conducteur au cylindre de verre, et lui présentait les pointes d'une sorte de peigne également métallique.

Tels sont les principaux perfectionnements qui signalent la construction des machines électriques à frottement depuis Otto de Guericke jusqu'à nos jours. Ce court aperçu historique nous permettra de mieux saisir la raison des dispositions adoptées aujourd'hui et que nous allons maintenant décrire.

II

Machines électriques à frottement.

Ce qui constitue une machine électrique, c'est la réunion de deux corps qui, par leur frottement mutuel, développent sur chacun d'eux une espèce d'électricité, et d'un troisième corps sur lequel vient s'accumuler, soit l'un, soit l'autre des deux fluides. Le passage de l'électricité, du corps frotté à l'accumulateur ou au conducteur, s'opère d'ailleurs soit par voie de contact, soit par influence. La machine d'Otto de Guericke ne répondait point à cette définition, en ce qu'elle n'avait point de conducteur. L'électrophore est une sorte de machine électrique à frottement, très simple, très commode et ayant même sur celles dont il va être question cet avantage, que l'électricité développée une fois se conserve longtemps sur le gâteau de résine, et que le conducteur peut être en quelque sorte indéfiniment pourvu de charges électriques, sans qu'il soit nécessaire de recommencer à chaque fois l'opération.

La machine que nous allons décrire maintenant est celle que l'on connaît sous le nom de Ramsden, du nom du constructeur qui lui a donné sa forme actuelle; mais il ne faut pas oublier qu'elle est le résultat d'une série de perfectionnements dus à divers physiciens, ainsi que nous l'avons dit sommairement dans le paragraphe qui précède.

Un grand plateau en verre [1] de forme circulaire (fig. 64) est monté verticalement sur un axe métallique, autour duquel on peut le faire tourner à l'aide d'une

1. On a construit des machines électriques dont le plateau était en soufre. Le choix du verre n'est pas indifférent. Les constructeurs électriciens ont reconnu que les plateaux formés d'anciennes glaces étaient les meilleurs. On croit que cette supériorité tient à la moindre proportion de potasse que renfermaient les verres de fabrication ancienne : leur surface serait, pour cette raison, moins hygrométrique. Le verre de bouteille de teinte olivâtre, le verre coloré en bleu par du cobalt, le cristal, sont également choisis comme propres à cet usage. Quelle que soit la nature du plateau, il importe de le nettoyer de temps en temps avec de l'alcool, pour enlever les matières qu'y laisse le frottement des coussins.

manivelle. En passant entre les deux montants en bois qui supportent l'axe du plateau, la surface de ce dernier frotte contre deux systèmes de coussins fixés aux montants. Le mouvement de rotation détermine

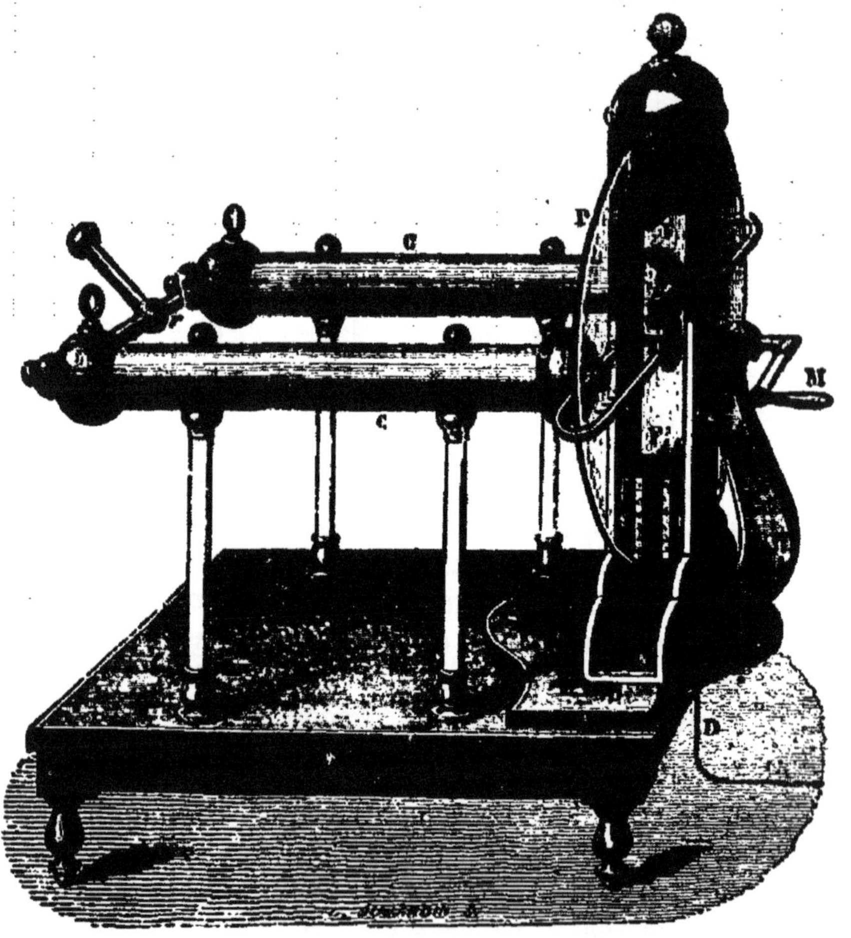

Fig. 64. — Machine électrique de Ramsden.

donc l'électrisation du disque de verre, qui se charge d'électricité positive sur ses deux faces. Les coussins ne sont pas isolés, afin que l'électricité négative dont ils se chargent puisse s'écouler dans le sol; si cette électricité s'accumulait sur les coussins, il arriverait un moment où, son influence sur l'électricité positive du plateau, devenant égale à l'action due au frottement, limiterait nécessairement la charge de celui-ci; une chaîne métallique met donc les montants et les coussins en communication avec le sol.

Chaque coussin est rembourré de crin, et recouvert d'une enveloppe de cuir, dont la surface est enduite d'or mussif ou d'un amalgame de zinc, de bismuth, d'étain; l'expérience a prouvé que ces dernières substances ont une grande efficacité sur la production de l'électricité.

Telle est la disposition de la partie de la machine qui a pour objet le développement de l'électricité. Voici maintenant comment on s'en sert pour charger les *conducteurs*. On nomme ainsi deux longs cylindres en laiton, isolés sur des pieds de verre, terminés par des portions sphériques, et réunis entre eux par un cylindre transversal de plus petit diamètre. Les deux extrémités de ces cylindres voisines du plateau portent des mâchoires métalliques garnies de pointes, tournées vers le disque de verre, mais à une distance suffisante pour qu'il n'y ait pas contact pendant le mouvement de rotation. Voyons maintenant ce qui se passe, à mesure que le plateau de verre se charge d'électricité positive. Cette électricité agit par influence sur l'électricité neutre du conducteur, la décompose, attire l'électricité contraire, c'est-à-dire la négative, qui s'échappe par les pointes en neutralisant des quantités équivalentes de l'électricité positive du verre. L'électricité positive du conducteur est, au contraire, repoussée sur les deux cylindres métalliques, où elle s'accumule. On voit sur l'un d'eux un électroscope à cadran, dont le pendule montre, par son écart, la tension de l'électricité recueillie. Le verre s'électrise à mesure qu'il vient frotter les coussins, mais il se décharge en passant devant les pointes des mâchoires; il n'y a donc à la fois que deux secteurs du cercle qui soient électrisés; d'ordinaire ces secteurs sont protégés par des écrans de taffetas ciré, qui empêchent la déperdition causée par l'humidité de l'air. Pour que la machine fonc-

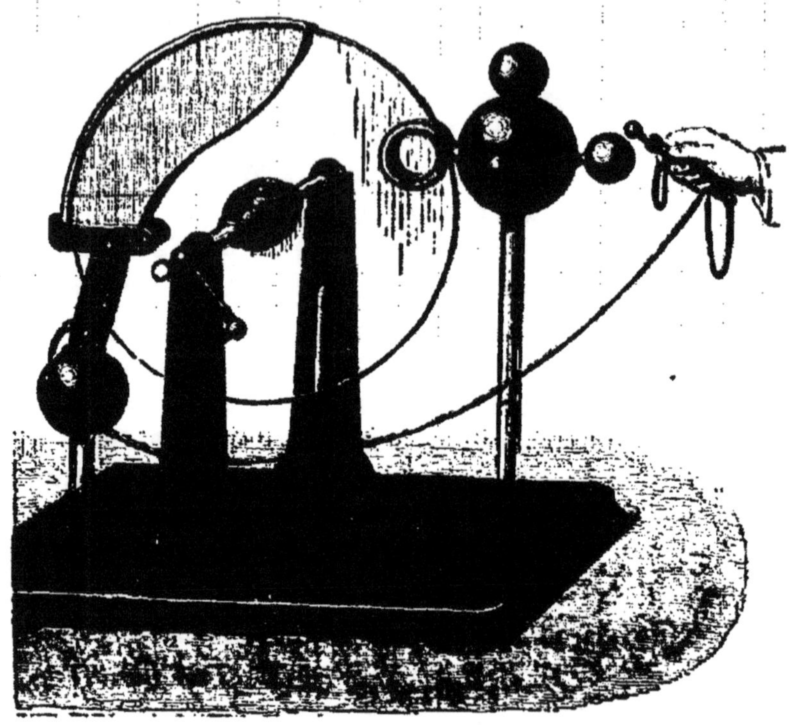

Fig. 65. — Machine électrique à plateau de Winter.

tionne bien, il faut d'ailleurs que l'air de la chambre où elle se trouve soit sec et à une température suffisamment élevée : on essuie avec soin, avant l'opération, les supports en verre qui isolent les conducteurs.

En 1772, un physicien français, Le Roy, fit construire une machine électrique à plateau de verre, ne portant qu'une seule paire de coussins. Deux conducteurs cylindriques, tous deux isolés, étaient placés horizontalement aux extrémités du diamètre du plateau. L'un portait les coussins frotteurs, l'autre se terminait proche de la surface du verre. Ils recueillaient chacun une espèce d'électricité.

Un constructeur autrichien, Winter, a légèrement modifié la machine de Le Roy et livré un modèle que représente la figure 65, et qui est aujourd'hui fort répandu en Allemagne. Ici les conducteurs sont des sphères : l'une est reliée aux coussins; l'autre porte une mâchoire formée par deux anneaux qui embrassent le plateau de verre à l'autre extrémité du diamètre aboutissant au frottoir. La première sphère se charge d'électricité positive; la seconde d'électricité négative. La machine Winter ne fournit qu'une assez faible quantité d'électricité; mais, en raison de l'éloignement des conducteurs, la tension est considérable et l'on peut en tirer de plus longues étincelles que des machines à plateau ordinaires.

Avec la machine de Nairne (fig. 66), on obtient aussi, sur deux conducteurs séparés, l'électricité positive et l'électricité négative. L'un des conducteurs est muni de pointes : il s'électrise donc positivement, comme ceux de la machine à plateau. L'autre conducteur porte le coussin, dont le frottement sur un grand cylindre de verre détermine la séparation des deux électricités formant l'électricité neutre du système; une pièce de taffetas protège d'ailleurs la surface du verre contre la déperdition de l'électricité développée. Il résulte de là que, pendant que l'électricité positive s'accumule sur le verre, la négative est repoussée dans le coussin et de là sur le conducteur. On peut ne conserver que l'une des deux électricités recueillies : il suffit pour cela de faire communiquer avec le sol, à l'aide d'une chaîne, le conducteur qui porte l'autre électricité.

Si l'on agite du mercure bien sec dans un tube de verre, dans un tube barométrique par exemple, on voit dans l'obscurité des lueurs qui indiquent la production d'une certaine quantité d'électricité; et, en effet, le tube de verre attire alors les corps légers. Ainsi, le frottement des liquides contre les corps so-

Fig. 66. — Machine de Nairne, fournissant les deux électricités.

lides peut être aussi employé comme mode d'électrisation. Toutefois on ne savait pas l'utiliser, quand le hasard fit découvrir en 1840 un moyen très efficace d'obtenir de l'électricité par le frottement contre un solide d'un jet de vapeur mélangé de gouttelettes liquides. Tel est le principe de la machine électrique d'Armstrong, que représente la figure 67 [1]. Une

1. La découverte du phénomène sur lequel repose la construction de cette machine, est due, paraît-il, au hasard. « Un ouvrier mécanicien occupé à réparer une machine à vapeur près de Newcastle, ayant une main dans le jet de vapeur qui s'échappait par une fuite, mit l'autre main sur le levier de la soupape à poids; il en tira une brillante étincelle et éprouva une violente commotion. Armstrong étudia les circonstances de ce phénomène, etc. » (*Traité d'Électricité statique* de M. Mascart.)

chaudière, isolée par des pieds de verre et remplie d'eau distillée, produit de la vapeur à haute pression; celle-ci s'échappe dans l'air par une série de becs,

Fig. 67. — Machine hydro-électrique d'Armstrong.

après s'être en partie condensée dans son passage à travers une boîte d'eau pleine d'étoupes mouillées, qui imbibent constamment les tubes par où s'échappe la vapeur. Les gouttelettes liquides, produites par la condensation de la vapeur, frottent avec force contre une lame de buis qu'elles contournent, avant de pénétrer dans les becs d'échappement, et aussi contre les parois de ceux-ci, formés du même bois. De l'électricité se dégage ainsi avec d'autant plus d'abondance, que la pression de la vapeur est plus élevée; la chaudière se charge d'électricité positive, la vapeur d'électricité négative. Pour recueillir cette dernière, on présente aux jets de vapeur un conducteur isolé, muni d'une série de pointes.

Les *machines hydro-électriques* ont une grande puissance; il est fâcheux que l'usage en soit peu commode; aussi sont-elles aujourd'hui à peu près abandonnées. On cite, parmi les machines de ce genre, celle de l'Institut polytechnique de Londres, munie de quarante-six jets de vapeur, et donnant des étincelles de 60 centimètres de longueur; celle de la Sorbonne, à Paris, qui porte quatre-vingts becs, et fournit aussi des étincelles continues de plusieurs décimètres de longueur.

III

Machines électriques basées sur l'influence.

L'électricité dont se chargent les conducteurs, dans les machines que nous venons de décrire, est bien due à l'influence. Elle est, à tout instant, égale en quantité à celle que le frottement des coussins développe sur le plateau de verre; mais comme celle-ci est elle-même neutralisée par l'électricité contraire qui s'écoule par les pointes des mâchoires, à mesure qu'on dépense l'électricité produite sur les conducteurs, il faut renouveler l'électricité du plateau et manœuvrer la machine.

C'est pour cette raison que les machines décrites dans le précédent paragraphe sont dites des *machines électriques à frottement*. Dans l'électrophore, on a vu que les choses se passent d'une autre façon : le gâteau de résine une fois chargé, il n'est plus besoin de le frotter qu'à de longs intervalles. On peut y puiser pour ainsi dire indéfiniment à l'aide du plateau conducteur, qui s'électrise chaque fois par l'influence seule. C'est sur ce principe de l'électrophore que sont basées les diverses machines électriques dont nous allons parler maintenant : on n'y emploie le frottement que pour développer l'électricité nécessaire à l'action par influence; la machine une fois amorcée ne fonctionne plus que par ce mode d'entretien.

La première machine à influence construite d'après ce principe date de 1865; elle a été inventée par un physicien allemand, M. Holtz. Dès l'année suivante, MM. Piche, Bertsch, Carré en France, et Tœpler en Russie, construisirent des appareils analogues. La machine de Holtz, ainsi que ces dernières, a reçu de nombreux perfectionnements : toutes sont aujourd'hui très répandues et plus appréciées pour les études d'électricité que les machines à frottement. Décrivons les plus importantes avec quelques détails.

La figure 68 représente la machine de Holtz sous sa forme la plus ordinaire. Elle est formée de deux plateaux de verre, A, B, disposés sur un même axe horizontal et dans deux plans verticaux, à faible distance l'un de l'autre. Le plateau A, de diamètre un peu plus grand que l'autre, est fixe et percé à son centre d'une large ouverture circulaire laissant passer l'axe autour duquel se fait la rotation du plateau mobile B. Aux extrémités de son diamètre horizontal, le plateau fixe est évidé : deux ouvertures pratiquées dans le verre, en forme de secteurs trapézoïdaux, sont munies chacune d'une armure de papier appliquée sur les deux faces et collée sur l'un des bords de l'ouverture. Deux pointes ou languettes *f* et *f'* s'avancent dans la partie évidée ou dans la fenêtre du plateau fixe. Deux conducteurs isolés présentent au plateau mobile deux peignes dont les pointes sont

Fig. 68. — Machine électrique de Holtz.

précisément tournées vis-à-vis des armures de papier des fenêtres. Ces conducteurs sont coudés à angle droit et terminés par des boules *mn*, qu'on peut approcher à volonté l'une de l'autre et amener au besoin jusqu'au contact. On voit sur la figure comment les diverses parties de la machine sont soutenues par des colonnes de verre qui les isolent et comment le plateau fixe est lui-même maintenu par des tiges horizontales reliées aux montants verticaux. Un système de poulies et de cordes de transmission permet, à l'aide d'une manivelle, d'imprimer au plateau mobile un mouvement rapide de rotation, de cinq à dix tours par seconde.

Pour mettre la machine en marche, on commence par ramener au contact les boules du conducteur, ce que permet le manche isolant dont l'une d'elles est munie. On tourne alors la manivelle et le disque mobile dans une direction opposée à celle des pointes des armures en papier; puis on électrise l'une de ces armures, ce qui se fait en lui présentant une plaque d'ébonite (caoutchouc durci) qu'on a frottée avec une peau de chat. Presque aussitôt on entend le crépitement qui indique que l'électricité s'échappe des pointes des peignes. La machine est en marche, et elle continue à fonctionner et à fournir de l'électricité tant qu'on entretient le mouvement de rotation. Si l'on écarte les boules terminales du conducteur, on voit jaillir entre elles un flux continu d'étincelles.

Essayons maintenant d'expliquer ce qui se passe et de donner la théorie au moins sommaire de la machine que nous venons de décrire. Dans la figure 69, C et D représentent les armures de papier du plateau fixe, A et B les conducteurs terminés par les pointes M et N qui figurent ici les peignes métalliques de l'appareil. Quant au plateau mobile, on l'a remplacé ici, pour rendre la démonstration plus commode, par un cylindre de verre dont le cercle teinté de la figure donne une coupe. Les flèches indiquent le sens de la rotation en sens inverse des pointes des armures.

On approche de la base de la feuille de papier C la plaque d'ébonite, électrisée négativement par la peau de chat. Le papier s'électrise par influence, se charge à sa base d'électricité positive, tandis que l'électricité négative s'échappe par la pointe et se répand sur le plateau ou, si l'on veut, sur le cylindre de verre en rotation. De même le conducteur AB, qui est continu, puisque les boules AB sont supposées en contact, s'électrise par influence; la pointe du peigne M laisse échapper sur le verre de l'électricité négative et la pointe N de l'électricité positive. L'autre armure de papier D, subissant l'influence des portions du

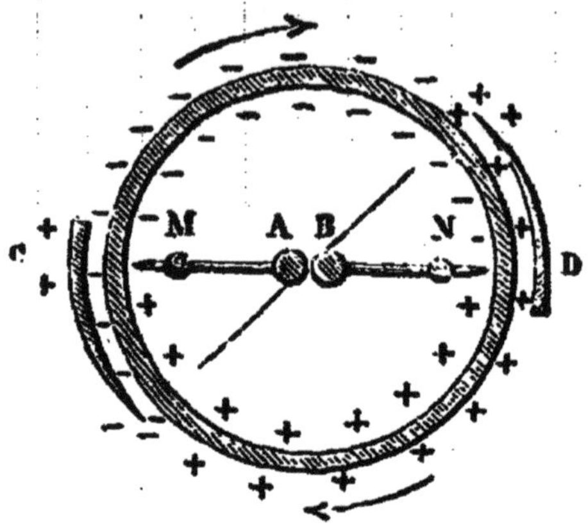

Fig. 69. — Théorie de la machine de Holtz.

cylindre électrisées négativement et qui viennent audevant de sa pointe, laisse écouler par cette pointe de l'électricité positive et se charge à sa base d'électricité négative. Il en résulte que le cylindre de verre est chargé sur ses deux faces, intérieure et extérieure, d'électricité négative sur l'une de ses moitiés, d'électricité positive sur l'autre. Les réactions mutuelles de ces électricités contraires augmentent les flux d'électricité qui s'échappent par les pointes des armures comme par celles des peignes, et l'accumulation se fait en progression géométrique, si l'on fait abstraction de la déperdition par l'air ou par les supports.

La machine de Holtz est un appareil très puissant,

mais délicat et sensible à l'influence de l'humidité atmosphérique. A dimensions égales, et pour une même vitesse de rotation, elle fournit de vingt à trente fois autant d'électricité qu'une machine à plateau de Ramsden. Mais si elle fonctionne bien dans un temps sec et froid, on a quelquefois de la peine à obtenir une marche satisfaisante par les temps humides, pendant les chaudes journées d'été, ou dans une atmosphère que la présence d'un grand nombre d'auditeurs charge de vapeur d'eau. On remédie à ces causes de mauvaise réussite en chauffant et séchant l'air de la salle où se trouve la machine, ou mieux en la disposant sur une table au-dessous de laquelle on allume un réchaud de braise et dont la tablette est percée de trous par où l'air chaud s'échappe et enveloppe les diverses parties de la machine.

On construit des machines de Holtz doubles, c'est-à-dire formées de quatre plateaux, dont deux fixes et deux mobiles, montés d'ailleurs sur le même axe. Les peignes des conducteurs se recourbent alors en forme de mâchoires qui viennent présenter leurs pointes aux armures de papier. Les machines doubles donnent plus d'électricité et fournissent des étincelles plus longues que ne le font les machines simples; mais elles ont surtout l'avantage de conserver plus longtemps leur charge; dans une atmosphère sèche, elles restent électrisées plusieurs heures et fonctionnent de nouveau quand on recommence à tourner les plateaux, et sans qu'il soit nécessaire de les amorcer une seconde fois.

La figure 70 représente une nouvelle disposition donnée par M. Holtz à sa machine. Les plateaux de verre, de même diamètre, sont disposés horizontalement et sont tous deux mobiles; mais bien qu'ils aient même axe, ils tournent en sens contraire. Les plateaux fixes et les armures de papier sont supprimés dans cette machine, mais il y a quatre peignes conducteurs, communiquant deux à deux par des tringles de métal. Deux peignes aux extrémités d'un

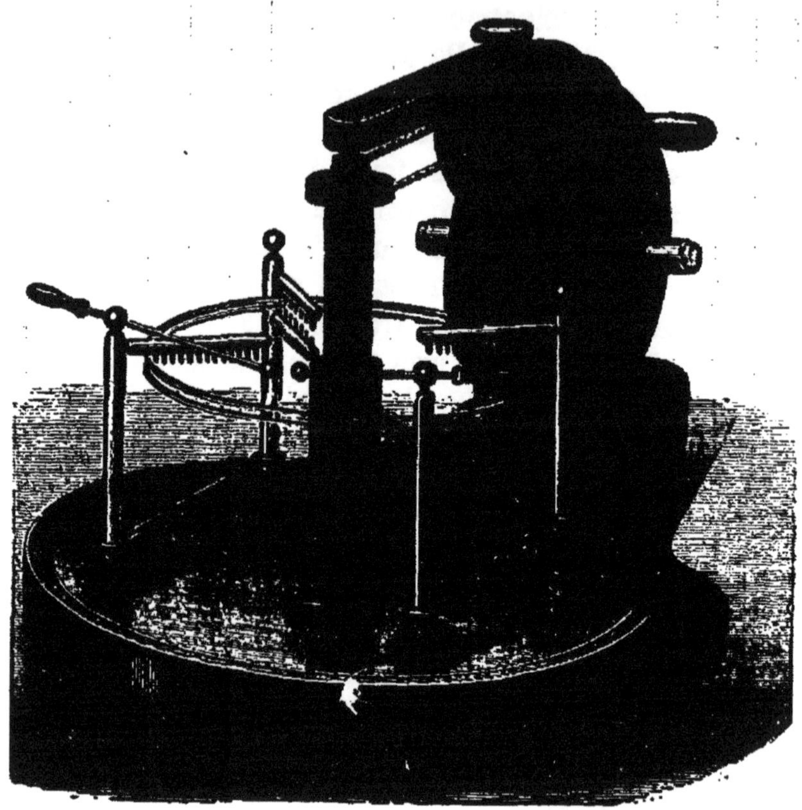

Fig. 70. — Machine de Holtz à deux rotations.

même diamètre sont au-dessus du plateau supérieur; deux autres sont au-dessous du plateau inférieur et leur direction forme un angle droit avec celle des premiers. Les conducteurs, isolés par des pieds en verre ou en ébonite, et réunis comme on vient de le dire, forment deux systèmes qu'on peut séparer ou réunir à volonté, comme dans les machines de Holtz ordinaires, à l'aide d'un excitateur à boules. Pour faire fonctionner la machine, on réunit les conducteurs et l'on fait tourner les plateaux. On approche la lame d'ébonite électrisée de l'un des peignes et bientôt le bruissement qui se produit marque que la machine est amorcée. On enlève la lame; on écarte les boules de l'excitateur et l'on obtient un jet continu

Fig. 71. — Électrophore tournant de M. Bertsch.

d'étincelles. La théorie est, à peu de chose près, la même que celle de la première machine de Holtz.

Décrivons encore les appareils de MM. Bertsch et Carré. Le premier est représenté dans la figure 71.

Un disque D en ébonite tourne autour d'un axe horizontal, à l'aide d'un système de cordes et de poulies que l'on fait mouvoir au moyen d'une manivelle. En regard de la partie inférieure de ce plateau, on place un secteur de même substance préalablement électrisé par le frottement de la main ou d'une peau de chat. L'influence du secteur électrise le disque qui reçoit par un peigne N l'électricité positive du conducteur C en communication avec le sol. La moitié supérieure du disque D agit par influence sur le conducteur A par le peigne M, et ce conducteur se trouve ainsi chargé d'électricité positive. On augmente la capacité de ce dernier en le mettant en communication avec un cylindre isolé E de plus grandes dimensions. Les conducteurs A et C sont nommés les *pôles* de l'appareil.

La machine que nous venons de décrire a été pri-

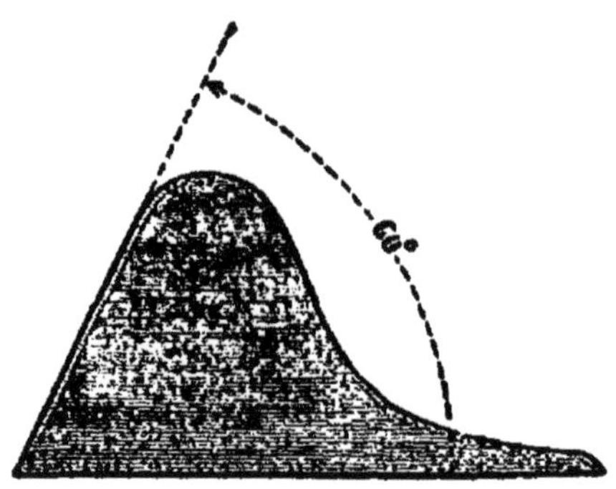

Fig. 72. — Secteur en caoutchouc de la machine Bertsch.

mitivement imaginée par M. Piche; M. Bertsch lui a donné, en la perfectionnant, sa forme actuelle. Il est aisé de voir que le secteur de caoutchouc durci joue ici le rôle du gâteau de résine de l'électrophore, tandis que la partie du disque qui l'avoisine joue celui du plateau conducteur. Le peigne inférieur en fait jaillir une étincelle, comme l'opérateur en tire une avec le doigt du plateau conducteur. Cette analogie a fait donner à l'appareil Bertsch le nom d'*électrophore tournant*.

La machine Carré (fig. 73) ne diffère de la précédente que par la substitution au secteur de caoutchouc d'un disque PP, qui est lui-même mis en mouvement, et qui tourne lentement entre deux coussins

Fig. 73. — Machine électrique de Carré.

C. Il en résulte que le corps inducteur, au lieu de perdre graduellement son électricité comme il arrive au secteur de la machine Bertsch, reste électrisé pendant l'opération et ne cesse de l'être dès qu'on met la machine en marche. C'est la même manivelle qui, grâce à une combinaison de poulies de dimensions convenables, met en mouvement le grand plateau, comme le disque inférieur, le premier tournant rapidement, le second lentement au contraire, sur leurs axes respectifs.

Avec un disque inférieur de 38 centimètres de diamètre, induisant un plateau de 49 centimètres, les étincelles obtenues d'une machine Carré atteignent 20 centimètres de longueur. L'inconvénient de cet appareil, qui a l'avantage de fonctionner également bien par tous les temps, est la facile altération du grand disque d'ébonite sous l'influence des agents atmosphériques. On y remédie en polissant de temps à autre les surfaces du plateau avec du papier à l'émeri, opération qui enlève la mince couche altérée de l'ébonite.

IV

Expériences diverses faites avec les machines électriques.

On fait dans les cours, à l'aide des machines dont on vient de lire la description, une série d'expériences curieuses. En reproduisant ici quelques-unes des plus intéressantes, notre but est moins d'étudier les effets de l'électricité, sur lesquels nous aurons bientôt l'occasion d'insister d'une façon plus complète, que de nous familiariser avec les explications des phénomènes exposés dans les chapitres précédents.

Une règle métallique est suspendue, par une tringle de même nature, à l'un des conducteurs d'une machine électrique. Trois timbres sont suspendus à la règle, les deux extrêmes par deux chaînes de laiton, celui du milieu par un cordon de soie; le dernier communique, en outre, avec le sol, par une chaîne de métal. Enfin, entre les timbres, des fils de soie soutiennent deux petites balles métalliques (fig. 74). Aussitôt que la machine fonctionne, l'électricité du conducteur se répand sur les timbres extrêmes, et les balles isolées sont attirées, puis repoussées dès qu'il y a eu contact. Le timbre du milieu, qui est à l'état naturel ou neutre, étant soumis à l'influence des deux balles électrisées, se charge d'électricité de nature contraire à celle des

Fig. 74. — Carillon électrique.

balles, les attire jusqu'au contact; le timbre alors, comme chaque pendule, revient à l'état naturel. Les balles sont de nouveau attirées par les timbres extrêmes et le phénomène se répète ainsi indéfiniment. Il résulte de là une série de chocs successifs des billes contre les timbres, et dès lors de sons, qui se produisent tant que le conducteur de la machine est chargé. De là le nom de *carillon électrique* donné à l'appareil, qui sert ainsi à indiquer si le corps auquel on le suspend est ou non électrisé.

La figure 75 représente un appareil imaginé par Volta, qui crut expliquer, par le phénomène auquel il donne lieu, le mouvement des grêlons pendant les orages. C'est une cloche en verre, communiquant avec le sol, par le plateau sur lequel elle repose. Une tringle métallique est en contact, par son extrémité extérieure, avec le conducteur d'une machine élec-

Fig. 75. — Grêle électrique.

trique, et soutient par l'autre extrémité, à l'intérieur de la cloche, un plateau de métal. Sur le fond de la cloche se trouvent un certain nombre de balles de sureau. Aussitôt que la machine est chargée, l'électricité se répand sur le plateau, attire les balles, qui s'électrisent par influence et viennent au contact; alors elles sont repoussées et tombent sur le fond de la cloche, où elles se déchargent de leur électricité et reviennent à l'état neutre. Ces mouvements de va-etvient continuent tant que le conducteur est chargé d'électricité. Le phénomène est connu sous le nom de *grêle électrique*. On remplace quelquefois les balles de sureau par de petits bonshommes construits avec la même matière, et l'on a alors ce qu'on nomme la *danse des pantins*.

L'*arrosoir électrique* sert à mettre en évidence la répulsion qu'éprouvent les unes pour les autres les molécules liquides électrisées. C'est un vase métallique percé de trous munis d'ajutages capillaires, par lesquels l'eau dont il est rempli s'écoule goutte à goutte, quand le vase n'est pas électrisé. Si l'on suspend l'appareil, par le crochet qui le surmonte, au conducteur d'une machine électrique, et qu'on fasse fonctionner la machine, l'eau se met à couler d'une manière continue, sous la forme de très minces filets ou de jets divergents de fines gouttelettes, qui paraissent lumineuses dans l'obscurité. La dépense d'eau n'étant pas augmentée, le phénomène n'a pas d'autre cause que la division des molécules liquides résultant de leur répulsion mutuelle, sous l'influence de l'électricité qui leur est communiquée par la machine.

Ces quatre expériences ne font, comme on voit, que mettre en jeu, sous une forme amusante, les phénomènes d'attraction et de répulsion électriques. Étudions maintenant les effets de la décharge électrique entre les corps conducteurs.

Nous avons vu que si un corps isolant, un bâton de verre par exemple, est électrisé, en approchant le doigt d'un de ses points il y a production d'une étincelle, accompagnée d'un petit bruit sec; mais le verre reste électrisé dans les points qui n'ont pas été touchés, ce qui s'explique par la non-conductibilité du corps employé. Si l'on substitue au corps isolant un conducteur, par exemple celui d'une machine électrique chargée, l'effet produit est beaucoup plus énergique et la décharge plus complète. D'ailleurs, les phénomènes qu'on observe alors dépendent de la façon dont s'opère la décharge, c'est-à-dire de la nature du milieu interposé entre le conducteur électrisé et le corps soumis à l'influence.

Si l'on approche le *doigt* ou toute autre partie du corps du conducteur de la machine, une étincelle jaillit, et l'on éprouve une *commotion* d'autant plus forte, que la charge est plus considérable. L'électro-

Fig. 76. — Arrosoir électrique.

scope à cadran, placé sur le conducteur, retombe alors à zéro, indiquant par là que la machine est déchargée. Mais quand on tourne le plateau d'une façon continue, les étincelles se succèdent très rapprochées; le bruit forme une sorte de pétillement et on ressent un picotement sans secousse brusque. Si la main n'est pas très rapprochée du conducteur, la tension des deux électricités, celle de la machine et celle développée dans le corps par influence, devient plus forte et, quand elle est suffisante pour vaincre la résistance que la plus grande distance oppose à leur recomposition, on voit jaillir une plus longue étincelle et la secousse ébranle tout le bras. Si, avant de tourner le plateau de la machine, on fait monter une personne sur un tabouret isolant ou à pieds de verre, et que cette personne pose la main sur le conducteur, elle se trouvera électrisée en même temps que ce dernier; son corps fait pour ainsi dire alors partie du conducteur. Une autre personne non isolée pourra donc en tirer des étincelles, et toutes les deux recevront ainsi à la fois la secousse que provoque la décharge.

Les effets lumineux que produit le dégagement de l'électricité méritent une étude spéciale et détaillée. Nous y reviendrons plus tard, quand nous aurons passé en revue les divers modes de production de l'électricité. Mais nous pouvons dès maintenant décrire quelques expériences où la production de l'étincelle donne lieu à des jeux de lumière singuliers.

Fig. 77. — Tube étincelant.

On colle à la surface d'un tube de verre de petits losanges de feuilles d'étain, qui se succèdent de manière à former une courbe en forme d'hélice, tout en laissant entre eux un petit intervalle. Les deux extrémités de l'hélice et du tube sont deux anneaux métalliques, dont l'un s'accroche au conducteur de la machine électrique, tandis que l'autre communique avec le sol par une chaîne (celle-ci n'est pas indiquée sur la figure). Aussitôt qu'on charge la machine, il y a décomposition par influence de l'électricité neutre du premier losange d'étain, puis du second par le premier, et ainsi de suite de toute la série. La faible distance donne lieu à des décharges simultanées; des étincelles jaillissent à la fois sur tout le pourtour du tube, et le phénomène dure tant qu'on tourne le plateau (fig. 77). C'est l'expérience du *tube étincelant.*

On obtient des effets de lumière semblables avec

Fig. 78. — Globe étincelant.

un globe de verre à la surface duquel les petits losanges d'étain sont collés de façon à reproduire des dessins variés. C'est alors le *globe étincelant* (fig. 78).

Si sur une bande rectangulaire de verre on colle des bandes d'étain formant une série ininterrompue de lignes parallèles, comme le montre la figure 79, on pourra sur ce fond découper un dessin de forme quelconque à l'aide d'une pointe. Une étincelle jaillira à chaque solution de continuité, aussitôt qu'on mettra en communication les deux extrémités de la série, l'une avec le conducteur de la machine, l'autre avec le sol, et l'on verra, sous forme de lignes lumineuses, la figure dessinée sur le verre. C'est le *carreau étincelant*. Le *carreau magique* ne diffère du précédent que par la disposition irrégulière des parcelles de métal entre lesquelles jaillit la lumière électrique : on a jeté au hasard de la limaille métallique sur la surface du verre enduite d'une couche de gomme. Dès que le carreau est mis en communication d'un côté avec la machine, de l'autre avec le sol, on voit les étincelles jaillir et dessiner des lignes irrégulières et serpen-

Fig. 79. — Carreau étincelant.

tantes, dont la position et la figure changent à tout moment.

Dans les expériences que nous venons de décrire, la décharge a lieu entre deux corps chargés d'électricités opposées, séparés l'un de l'autre par un milieu isolant, tels que l'air, le verre. On nomme *décharge disruptive* cette recomposition des deux électricités, parce qu'elle est accompagnée d'un mouvement violent des molécules du corps isolant, ainsi que le prouve l'expérience suivante.

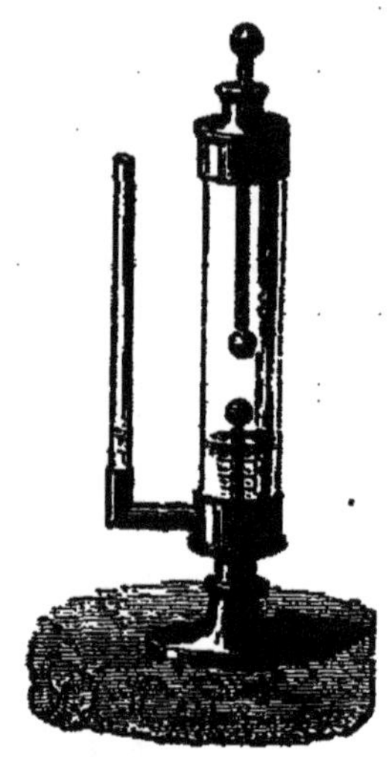

Fig. 80. — Thermomètre de Kinnersley.

Deux tubes communiquants, d'inégal diamètre, le plus gros complètement fermé, le plus petit ouvert par en haut, contiennent une certaine quantité d'eau (fig. 80). Dans le gros tube, deux tiges métalliques, terminées par des boules, sont fixées l'une à la base inférieure, l'autre à la base supérieure, et communiquent la première avec le sol, la seconde avec le conducteur d'une machine électrique. Dès que jaillit l'étincelle, on voit l'eau se soulever brusquement dans le tube ouvert; si l'étincelle est très forte, l'eau est projetée hors du tube. Cette secousse est produite à la fois par l'ébranlement violent des molécules de l'air, et par l'expansion due à une élévation de température, non par cette dernière cause seule, comme le crut d'abord Kinnersley, inventeur de l'expérience. Ce qui prouve que l'air a été dilaté par la chaleur, c'est que le liquide ne reprend pas immédiatement son niveau dans le petit tube. Le nom de *thermomètre de Kinnersley* est resté à l'appareil.

L'expansion brusque dont nous venons de parler a fait imaginer le *mortier électrique* (fig. 81), dont le jeu est facile à comprendre d'après ce qui précède. Au moment où l'étincelle jaillit, la balle est lancée au loin; l'effet est encore plus prononcé, si, avant d'opérer, on a mis au fond du mortier quelques gouttes d'éther que la chaleur réduit spontanément en vapeur.

Fig. 81. — Mortier électrique.

On peut faire jaillir l'étincelle à travers l'eau. Pour cela, les deux tiges conductrices, qui communiquent l'une avec la machine en *m*, l'autre avec le sol en *t* (fig. 82), sont recouvertes d'une couche de gutta-percha qui les isole de l'eau et ne sont à nu qu'à leurs extrémités placées en regard au fond d'un vase. Dès que la décharge a lieu, l'étincelle jaillit, l'eau est projetée et la secousse est souvent assez forte pour briser le vase.

Bornons-nous, pour le moment, à ces quelques expériences; ceux de nos lecteurs qui sont en possession des appareils pourront aisément les répéter. Nous ne tarderons pas à compléter la description des

Fig. 88. — Décharge électrique dans un liquide.

effets mécaniques ou physiques de l'électricité, et nous y joindrons celle des effets chimiques, qui n'ont pas une moindre importance.

CHAPITRE V

LA BOUTEILLE DE LEYDE — LES CONDENSATEURS

I

Expériences de Cunéus et de Muschenbroek : découverte de la bouteille de Leyde.

Cunéus, élève de Muschenbroek, célèbre physicien du dernier siècle, voulut un jour électriser de l'eau contenue dans une bouteille à large goulot. Dans ce but, il prit la bouteille d'une main, après avoir introduit dans le liquide une tige de métal suspendue au conducteur d'une machine électrique. Quand il crut l'eau suffisamment chargée d'électricité, il voulut, sans cesser de soutenir la bouteille d'une main, enlever avec l'autre main le fil de fer en contact avec le conducteur. Il ressentit aussitôt une commotion dont la violence le remplit de surprise. Muschenbroek répéta l'expérience de Cunéus ; mais la secousse qu'il éprouva dans les bras, les épaules et la poitrine fut si violente, qu'elle lui coupa la respiration et lui causa une frayeur si vive, qu'en faisant part à Réaumur de ce fait, nouveau parmi les phénomènes d'électricité connus à cette époque, il lui écrivait que, « pour rien au monde, lui offrît-on la couronne de France, il ne voudrait recommencer ». Mais d'autres physiciens furent moins timides. Allaman, Lemonnier, Winckler, l'abbé Nollet, varièrent l'expérience de toutes les façons, et la science fut dotée d'un nouvel appareil électrique : c'est la *bouteille de Leyde*, ainsi nommée du lieu où

Fig. 83. — Expériences de Cunéus; bouteille de Leyde.

l'expérience fut faite pour la première fois, en 1746. Une observation à peu près semblable avait été faite l'année précédente par von Kleist, évêque de Poméranie. Ayant enfoncé une tige de fer dans le bouchon d'une bouteille renfermant du mercure, il prit cette bouteille à la main et présenta la tige au conducteur d'une machine électrique. Ayant touché accidentellement de l'autre main le conducteur pendant que la tige était en contact avec ce dernier, von Kleist ressentit dans le bras une violente secousse.

Voici comment on construit aujourd'hui la bouteille de Leyde.

On prend un flacon de verre, d'une faible épaisseur, dont on recouvre extérieurement le fond et les trois quarts de sa hauteur d'une lame métallique, ordinairement en étain : cette lame est ce qu'on nomme la *garniture* ou *armature extérieure* de la bouteille. La *garniture* ou *armature intérieure* est tantôt une lame de métal tapissant les parois internes, tantôt de la grenaille de plomb, ou encore un monceau de feuilles d'or ou de clinquant dont on remplit le flacon; on a vu que, dans la bouteille de Muschenbroek, c'était une certaine quantité d'eau, c'est-à-dire dans tous les cas un corps conducteur. Enfin, une tige en laiton à crochet terminée extérieurement par une petite boule est fixée au bouchon de liége qui ferme le goulot, et en dedans elle communique avec la garniture intérieure de la bouteille. Pour éviter toute communication électrique entre les armatures, on a soin de vernir à la gomme laque le col de la bouteille. Sans cette précaution, le verre en se recouvrant d'une couche même très légère de vapeur d'eau n'isolerait pas complètement les deux armatures, et il pourrait arriver que des décharges se fissent entre elles et que des étincelles se produisissent en suivant la surface extérieure du verre.

Pour charger la bouteille de Leyde, on la suspend par sa tige au conducteur d'une machine électrique, en ayant soin d'établir, à l'aide d'une chaîne de métal, la communication entre le sol et son armature extérieure. On peut aussi plus simplement la prendre à la main par cette dernière, et présenter alors au conducteur de la machine le bouton de sa tige.

La bouteille ainsi chargée d'électricité, si on vient à unir à l'aide d'un corps conducteur quelconque les deux armatures extérieure et intérieure, il y aura décharge avec accompagnement d'étincelle et explosion. Par exemple, en tenant l'appareil d'une main et approchant l'autre main du bouton, la décharge se fera par l'intermédiaire des bras et du corps, et l'on éprouvera la commotion qui effraya si fort les premiers expérimentateurs. Si plusieurs personnes se tiennent par la main, deux à deux, la première de la série prenant la bouteille et présentant la tige à la dernière, aussitôt que le contact aura lieu, la commotion se fera sentir à la fois dans les membres de tous les opérateurs. Nollet fit cette expérience devant Louis XV : trois cents gardes françaises formèrent la chaîne, et reçurent simultanément la secousse produite par la décharge instantanée de la bouteille de Leyde.

Fig. 84. — Charge de la bouteille de Leyde.

Avant d'aller plus loin et de décrire plusieurs expériences curieuses qu'on peut faire avec cet appareil, essayons de donner l'explication théorique du double phénomène de la charge et de la décharge de la bouteille.

Observons d'abord que l'appareil se compose essentiellement de deux corps conducteurs, les deux garnitures métalliques extérieure et intérieure, et d'un corps isolant qui les sépare, la bouteille de verre. Quand on suspend le crochet au conducteur électrisé d'une machine, l'électricité de ce conducteur se répand sur toute la surface de l'armature intérieure, qui se trouve ainsi chargée d'électricité positive, par exemple. Cette électricité décompose par influence l'électricité neutre de l'armature extérieure, attire à la surface du verre l'électricité négative et refoule dans le sol l'électricité positive, par l'intermédiaire du corps de l'expérimentateur ou de la chaine métallique. Ainsi se trouvent en présence deux charges d'électricités contraires, que l'interposition de la lame de verre isolante empêche de se combiner. Qu'on vienne à favoriser la réunion de ces deux électricités par un conducteur quelconque, et leur combinaison se fait avec explosion et étincelle.

Jusqu'ici, il ne semble pas qu'il y ait nécessité de faire intervenir aucune autre explication : l'explication qui précède est d'ailleurs celle qui rend compte des phénomènes d'électrisation par influence Mais on va voir qu'elle est, en réalité, insuffisante.

D'abord, la grosseur de l'étincelle et la violence des commotions indiquent ici une tension électrique d'une énergie inaccoutumée : l'accumulation des deux électricités en aussi grande quantité ne paraît plus en rapport avec les faibles dimensions des conducteurs qui composent l'appareil. Voici maintenant un autre fait qu'il faut expliquer : Quand on a déchargé une bouteille de Leyde, et qu'on la laisse de côté un certain temps, on la trouve de nouveau chargée sans qu'on l'ait à nouveau mise en communication avec une source d'électricité. On peut en tirer une nouvelle étincelle, moins forte il est vrai que la première, puis une seconde, et ainsi de suite. C'est ce qu'on nomme des *décharges secondaires* et des *étincelles de résidus*. Il est donc évident que la *bouteille de Leyde* permet d'accumuler une quantité d'électricité supérieure à celle qu'on peut obtenir sur de simples conducteurs isolés. Pour cette raison, on lui donne, ainsi qu'à tous les appareils analogues, le nom de *condensateur*. D'après des expériences nombreuses dues à Faraday et à Matteucci, il est prouvé que les deux charges, positive et négative, ne sont pas seulement accumulées sur les surfaces en contact du verre et des armatures du condensateur. Les électricités pénètrent dans le verre à une certaine profondeur. On met ce fait en évidence avec une bouteille de Leyde à armatures mobiles, formées de trois parties, telles que les représente la figure 85. Après avoir chargé la bouteille assemblée, on la pose sur un isolant; on enlève la garniture intérieure avec un crochet de verre, puis le bocal en verre, et l'on reconnaît qu'il y a très peu d'électricité sur les armatures, tandis que le bocal est fortement électrisé. Du reste, après avoir déchargé les deux garnitures, si on les remet en place, la bouteille fournit une étincelle aussi vive que si des décharges partielles n'avaient pas eu lieu.

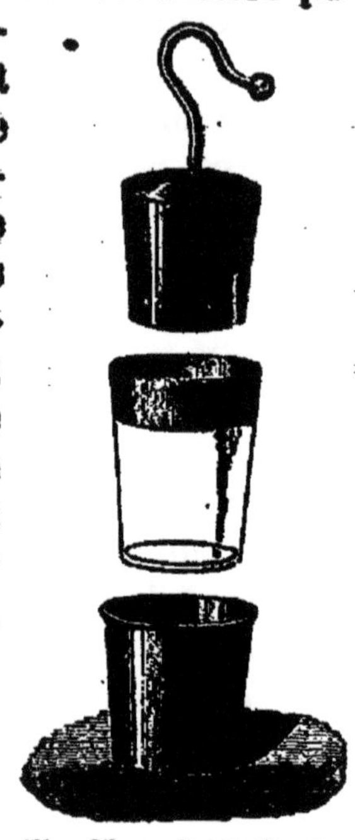

Fig. 85. — Bouteille de Leyde à armatures mobiles.

La pénétration de l'électricité à une certaine profondeur dans le corps isolant des condensateurs explique fort bien, comme on voit, les décharges secondaires de la bouteille de Leyde. Elle montre en outre que les armatures métalliques ont aussi pour rôle de mettre en communication facile les divers points du verre, et l'on comprend que, grâce à leur conductibilité, la décharge se fasse instantanément avec toute son énergie.

« La force condensante d'une bouteille est d'autant plus grande que le verre est plus mince; mais on ne peut pas exagérer cette qualité, parce que les bouteilles sont bientôt traversées par la décharge électrique qui se produit d'une armature à l'autre en perçant le verre. L'épaisseur du verre doit être donc assez grande pour que la décharge spontanée, s'il arrive que la bouteille soit trop chargée, se produise plutôt de la tige supérieure à l'armature extérieure en longeant la surface du verre.

« Il est important que l'épaisseur du verre soit à peu près uniforme et qu'il n'y ait pas de parties bulleuses, sans quoi il se produit des décharges aux endroits où la résistance est plus faible, et la bouteille est percée. La nature du verre a aussi une grande influence; certains verres sont un peu conducteurs, de sorte que l'électricité y pénètre à une certaine profondeur, et une partie notable ne disparaît pas à la première décharge; on obtient alors des étincelles de résidus très nombreuses. » (Mascart, *Traité d'Électricité statique.*)

Décrivons maintenant quelques expériences curieuses, aisées à faire avec ce condensateur.

II

Expériences diverses faites avec la bouteille de Leyde et les batteries électriques.

La décharge d'une bouteille de Leyde peut se faire instantanément ou graduellement, sans que l'expérimentateur ait à redouter de commotion.

La décharge instantanée se fait à l'aide d'un *excitateur* : ce sont deux arcs métalliques, pouvant tourner autour d'une articulation commune et munis de manches en verre (fig. 86). On prend un de ces manches à chaque main, et l'on approche les deux boules métalliques que terminent les arcs, l'une du bouton de l'armature intérieure, l'autre de l'armature extérieure de la bouteille de Leyde : la décharge se fait alors dans les branches de l'excitateur.

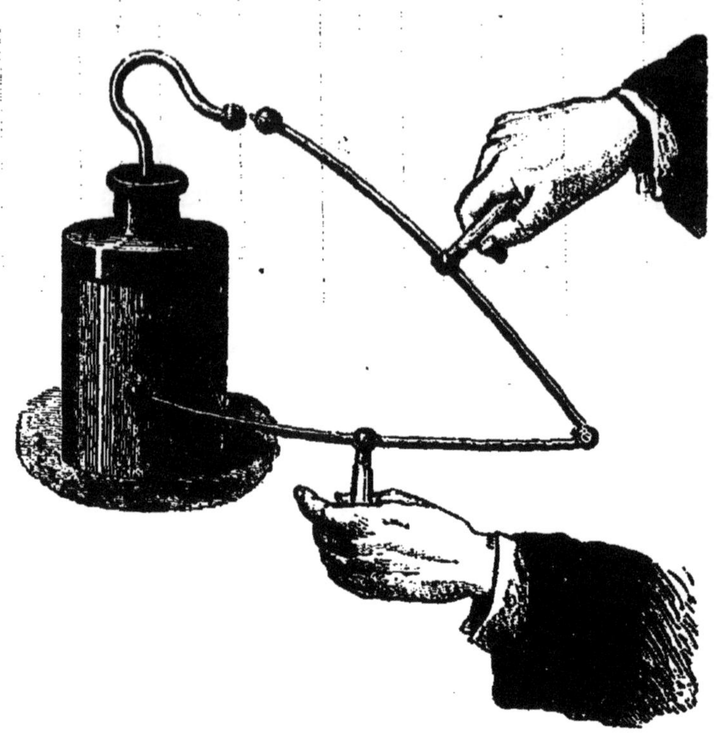

Fig. 86. — Décharge instantanée d'une bouteille de Leyde, à l'aide de l'excitateur.

Les décharges successives se font quelquefois avec la *bouteille de Leyde à carillon*. La figure 87 montre comment le petit pendule isolé, qui surmonte un timbre monté sur un pied métallique, est attiré, puis repoussé successivement par l'armature intérieure, et va subir ensuite les mêmes actions de l'autre timbre. A chaque contact, la balle prend tantôt à l'une, tantôt à l'autre des deux armatures, une partie de son électricité. La bouteille est ainsi peu à peu déchargée.

On donne quelquefois à la balle du pendule la forme

d'une araignée dont les pattes sont des brins de soie, en réminiscence d'une expérience due à Franklin.

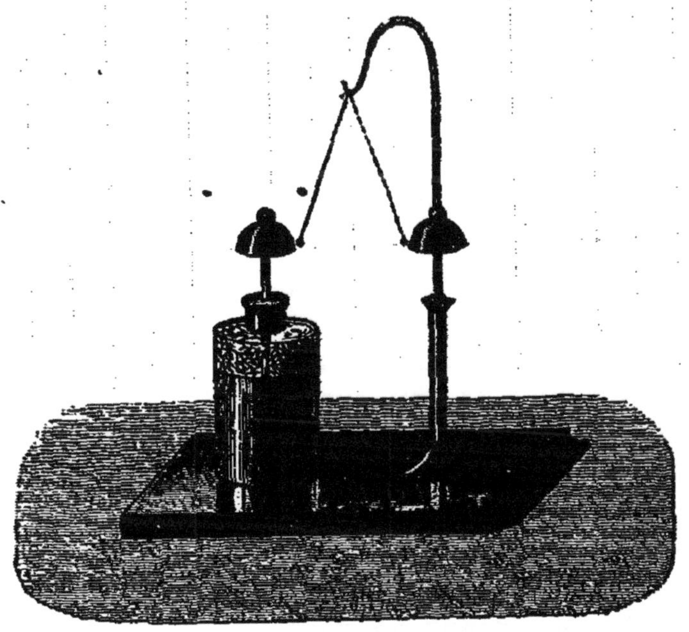

Fig. 87. — Décharges successives d'une bouteille de Leyde. Carillon.

L'expérience de la bouteille étincelante (fig. 88) sert à montrer que, dans la décharge instantanée, l'électricité vient de tous les points du verre converger vers le point où a lieu la réunion des électricités accumulées sur les deux garnitures. L'armature extérieure est formée, comme dans le carreau magique, de fragments de limaille métallique ou de clinquant, fixés sur une couche de gomme. A l'armature intérieure est fixée une bande de métal qui aboutit à une très petite distance de la garniture extérieure. Quand la bouteille est chargée suffisamment, on voit des traits de feu sillonner en serpentant sa surface, à partir du point où commence la décharge.

Pour obtenir des effets plus énergiques, on donne à la bouteille de Leyde des dimensions plus considérables. Le bocal en verre a une large ouverture, qui permet de coller à l'intérieur une feuille d'étain semblable à la garniture extérieure : c'est ce qu'on nomme alors une *jarre électrique*. Plusieurs jarres assemblées, comme le montre la figure 89, forment une *batterie*. Alors toutes les garnitures intérieures communiquent ensemble à l'aide de tiges métalliques, partant du bouton de chacune d'elles et rayonnant vers la boule plus grosse de la jarre centrale : c'est cette dernière boule qu'on met en communication avec le conducteur de la machine électrique, quand on veut charger la batterie. Quant aux armatures extérieures, elles sont reliées entre elles par leur contact avec une feuille d'étain dont les parois intérieures de la boîte sont recouvertes, et qui communique elle-même au sol par l'intermédiaire d'une chaîne métallique.

Fig. 88. — Bouteille de Leyde étincelante.

La charge électrique que ces puissants condensateurs accumulent sur leurs armatures est considérable, et il faut beaucoup de temps pour leur fournir, à l'aide des machines ordinaires, toute l'électricité qu'ils sont susceptibles de condenser. On peut rendre l'opération plus rapide en divisant une batterie en plusieurs batteries, renfermant chacune deux ou trois jarres, et en les faisant communiquer deux à deux par des tringles unissant les armatures intérieures. C'est ce qu'on nomme la *charge par cascade*; mais les

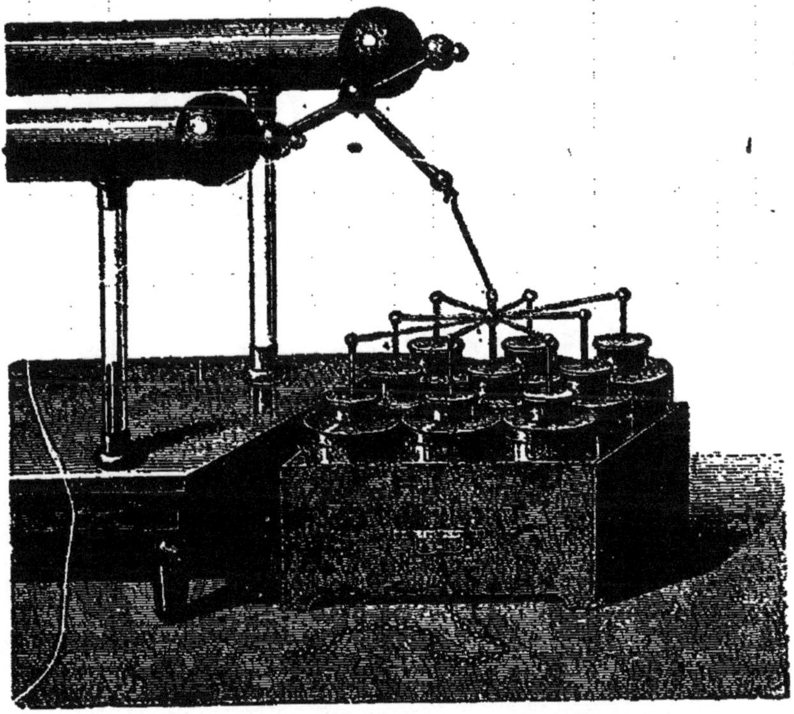

Fig. 89. — Batterie de jarres électriques.

batteries partielles sont alors inégalement chargées, selon l'ordre qu'elles occupent par rapport à la batterie qui est en rapport direct avec la source d'électricité.

Les décharges des batteries électriques sont d'autant plus dangereuses, que les jarres ont une plus grande surface et que leur nombre est plus considérable. Une batterie de six éléments de moyenne grosseur donnerait déjà des commotions très fortes, susceptibles de tuer certains animaux, par exemple des lapins, des chiens. Aussi doit-on prendre des précautions quand on veut les décharger. On peut employer dans ce but l'*excitateur universel* (fig. 90), qui sert du reste dans un grand nombre d'expériences. Cet appareil est formé de deux tringles en laiton, terminées chacune, d'un côté par un anneau où peut

Fig. 90. — Excitateur universel.

s'engager une chaîne, de l'autre par un bouton. Chaque tringle est isolée par un support en verre, et mobile autour d'un genou. Les deux boutons aboutissent un peu au-dessus d'un support, sur lequel on place le corps à travers lequel on veut faire passer la décharge. L'une des chaînes communique avec le sol, l'autre avec la branche d'un excitateur ordinaire, à l'aide duquel on touche alors sans danger le bouton central de la batterie électrique.

Terminons par la description de quelques expériences qui nous feront connaître les divers effets mécaniques et physiques de l'électricité accumulée dans les condensateurs.

Dans les expériences du mortier électrique et du thermomètre de Kinnersley, nous avons déjà vu des exemples des effets mécaniques que produit la dé-

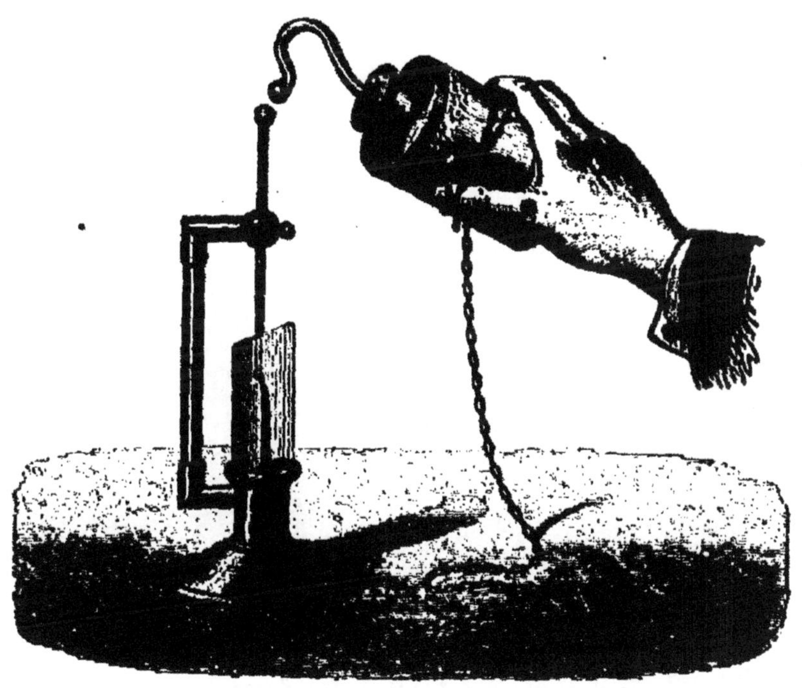

Fig. 91. — Expérience du perce-carte.

charge disruptive. Le déplacement violent des molécules du corps interposé entre les deux conducteurs est encore rendu manifeste dans le *perce-carte* et dans le *perce-verre*.

Une carte est placée entre deux pointes de conducteurs métalliques séparés par un cylindre de verre. On prend à la main une bouteille de Leyde chargée, dont la garniture extérieure est mise en communication avec l'un des conducteurs par une chaîne métallique; puis on approche le bouton de la garniture intérieure d'un point de l'autre conducteur. La décharge a lieu à travers la carte, qu'on trouve percée d'un trou entre les deux pointes. On n'explique guère comment il se fait que, dans l'air, le trou est plus près de la pointe négative que de la pointe positive,

Fig. 92. — Expérience du perce-verre.

tandis qu'il n'en est plus ainsi dans le vide[1]. Il est à remarquer que les bords du trou sont relevés sur chaque face de la carte, de sorte qu'on doit admettre qu'il y a eu en réalité deux étincelles jaillissant entre

1. On attribue toutefois communément cette différence à une moindre tension de l'électricité négative; celle-ci se transporte moins rapidement que l'électricité positive, de sorte que le point où a lieu la décharge et où se produit l'étincelle est plus rapproché de la pointe négative. Des expériences dues à Trémery ont en effet prouvé que le trou se rapproche d'autant plus du point milieu compris entre les deux pointes, que l'air était plus raréfié.

chaque pointe et l'endroit où la carte, décomposée par influence, est traversée par le fluide.

On perce de la même façon une lame de verre de 1/2 à 1 millimètre d'épaisseur, placée horizontalement entre deux pointes. Il faut avoir soin seulement, pour éviter que l'électricité se diffuse sur le verre, d'imbiber d'une goutte d'huile chaque pointe métallique. Après la décharge, on aperçoit dans la lame un petit trou rond; le verre a été pulvérisé par le passage de l'électricité. Pour que cette expérience réussisse, il est nécessaire d'employer une batterie puissante. Mais, alors même que la décharge n'est pas assez énergique pour percer le verre, la lame se trouve altérée et dépolie au point par où a jailli l'étincelle.

Les effets calorifiques de la décharge électrique ne sont pas moins intéressants que les effets mécaniques. Si l'on réunit les deux boules de l'excitateur universel (fig. 90) par un fil métallique très fin, d'argent doré par exemple, le fil s'échauffe, devient incandescent, et il est fondu et volatilisé, si la charge électrique est suffisamment énergique. Avec les puissantes batteries du Conservatoire des Arts et Métiers, on arrive à fondre des fils de fer de plusieurs mètres de longueur. Des fils de même diamètre et de même longueur exigent, du reste, des charges électriques fort différentes pour être fondus : le fer, le plomb et le platine se liquéfient plus facilement que l'or, l'argent et surtout le cuivre. La fusion est aussi plus aisément obtenue si la décharge a lieu dans l'air que si elle se fait dans le vide. Si l'on met entre les boules de l'excitateur universel un fil de soie doré, la décharge fond l'or et laisse la soie intacte. Les parcelles du métal volatilisé peuvent être recueillies sur une carte blanche, contre laquelle on fait appuyer le fil avant l'expérience. On voit alors sur la carte une tache noirâtre formée par une poudre très fine d'or volatilisé. En opérant sur différents métaux, on obtient des taches de couleurs variées, et si les métaux employés sont oxydables aux températures très hautes, les empreintes obtenues sont formées par les oxydes métalliques réduits en poudre impalpable. Van Marum a fait, au dernier siècle, de très belles expériences sur le transport des métaux par la décharge élec-

Fig. 93. — Expérience du portrait de Franklin.

trique. Fusinieri, ayant fait passer une décharge entre deux boules, l'une d'or, l'autre d'argent, observa que la première était argentée et la seconde dorée, autour des points entre lesquels avait jailli l'étincelle. Il est probable que les phénomènes dont nous venons de parler sont complexes, étant dus, tout à la fois, à l'élévation de température produite par la décharge et à un transport mécanique des molécules.

On a mis à profit cette propriété pour obtenir des empreintes métalliques reproduisant des dessins variés. Dans les cours, on fait l'expérience dite du *portrait de Franklin*. On voit dans la figure 93 une feuille de papier épais dans laquelle se trouve découpé le portrait de l'illustre physicien; des lames d'étain sont collées de chaque côté de la feuille, qu'on recouvre par-dessus d'une feuille d'or et par-dessous d'un morceau de soie blanche. Après avoir rabattu sur la feuille d'or les parties du papier qu'on voit au-dessus et au-dessous du portrait, on place le tout dans une presse (fig. 94), dont on serre les écrous pour rendre le contact parfait, et la presse est elle-

Fig. 94. — Presse employée dans l'expérience du portrait de Franklin.

même placée sur le support de l'excitateur universel. Quand les boules de l'excitateur sont en contact avec les bandes d'étain qui débordent latéralement, on fait passer la décharge. La feuille d'or volatilisée donne sur la soie une empreinte noirâtre qui reproduit toutes les découpures, et le dessin se trouve ainsi imprimé par l'électricité.

La fusion des fils métalliques est une preuve certaine de l'élévation de température qui accompagne les décharges électriques, quand elles ont lieu à travers un conducteur. Les décharges disruptives, c'est-à-dire celles qui se font à travers un isolant, comme l'air, avec production d'étincelle, donnent lieu aussi à des effets calorifiques, bien qu'en tirant l'étincelle avec le doigt on n'éprouve aucune sensation de chaleur. On enflamme des matières combustibles, de la poudre, de l'éther, en faisant jaillir l'étincelle en un point quelconque de la substance. Cette expérience se faisait autrefois de la façon suivante : Une personne, montée sur un tabouret isolant, touchait d'une main le conducteur d'une machine électrique, et de l'autre présentait la pointe d'une épée à une faible distance d'une soucoupe pleine d'éther que tenait à la main une autre personne. Le liquide prenait feu dès que l'étincelle jaillissait. Watson réussit à enflammer de l'éther à l'aide d'une étincelle sortant d'un morceau de glace [1].

L'étincelle électrique produit encore des effets chimiques d'un haut intérêt. Si on la fait passer dans un mélange gazeux explosif, d'oxygène par exemple et d'hydrogène, l'explosion est instantanée. C'est sur ce fait qu'est basée la construction du *pistolet de Volta*. Les figures 95 et 96 représentent une coupe diamétrale et une vue extérieure de ce petit appareil. C'est un vase sphéro-cylindrique en métal, fermé par un bouchon et qu'on remplit d'un mélange d'hydrogène et d'oxygène. Une tige en laiton terminée par deux boules traverse la paroi inférieure du cylindre, dont elle est isolée par un tube en verre. L'appareil étant en communication avec le sol, on approche le bouton extérieur du conducteur d'une machine électrique. La combinaison des deux gaz se

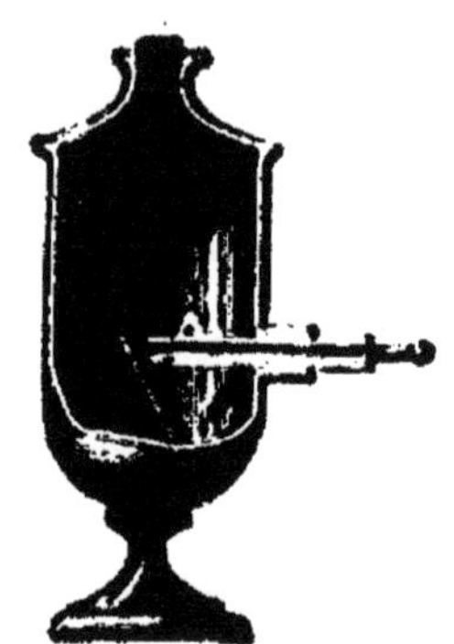

Fig. 95. — Pistolet de Volta ; vue intérieure.

1. L'expérience, rendue ainsi plus singulière ou plus frappante, n'a rien de plus étrange que celle qui consiste à enflammer un morceau d'amadou à l'aide d'une lentille biconvexe taillée dans la glace.

fait avec explosion, et le bouchon est chassé avec force et projeté au loin.

L'étincelle électrique provoque une foule de réactions chimiques; citons dans le nombre la formation de l'acide azotique avec l'oxygène et l'azote, la syn-

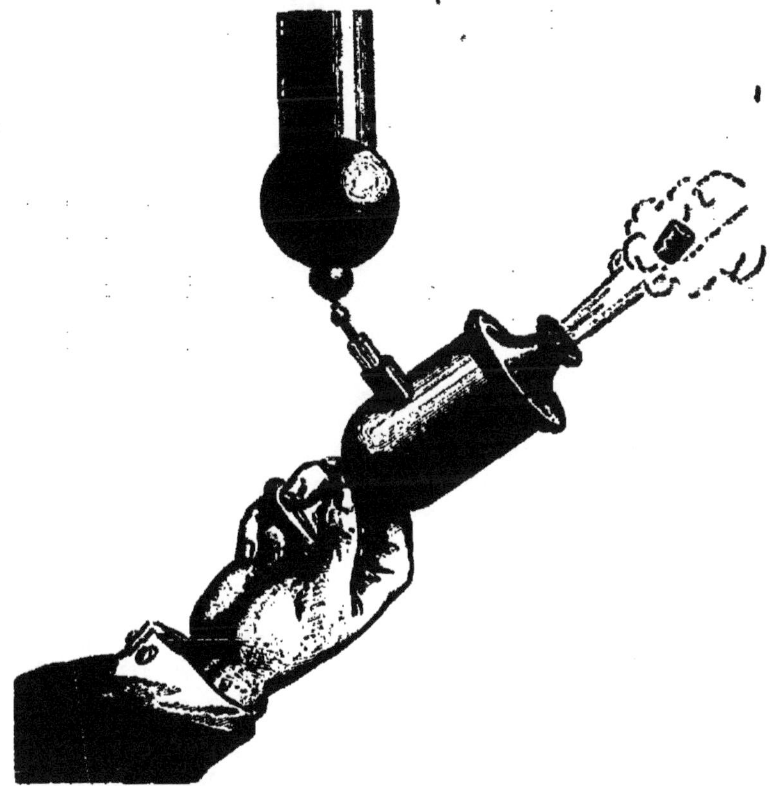

Fig. 96. — Explosion du pistolet de Volta.

thèse de l'eau, qu'on obtient par la décharge dans l'appareil eudiométrique dont il sera question plus loin, la décomposition de l'ammoniaque, etc.

Enfin, nous avons déjà parlé des effets de la décharge quand elle passe à travers les organes de l'homme et des animaux. Les commotions sont d'autant plus fortes, elles ébranlent une portion du corps d'autant plus étendue, qu'elles proviennent de charges plus puissantes; et nous avons déjà dit qu'il est dangereux de recevoir la décharge d'une batterie formée d'un petit nombre de bouteilles de Leyde. On fait avec un condensateur, qu'on nomme le *carreau fulminant*, une expérience où la secousse ressentie produit un effet singulier et amusant. Le carreau ful-

Fig. 97. — Carreau fulminant.

minant n'est autre chose qu'une plaque rectangulaire de verre, dont chaque face se trouve recouverte d'une feuille d'étain : l'une des feuilles est tout à fait isolée, l'autre communique par une petite lame avec le cadre en bois, et de là, par une chaîne métallique, avec le sol. L'autre feuille communiquant avec une source d'électricité, le condensateur se charge. Une fois qu'il est chargé, si une personne veut prendre avec la main une pièce de monnaie posée sur la feuille supérieure, elle reçoit une secousse qui fait contracter ses doigts et l'empêche de saisir la pièce.

III

Électroscopes et électromètres.

Après avoir décrit, avec tous les détails nécessaires, les appareils producteurs d'électricité et quelques-unes des expériences qu'ils permettent de réaliser, nous devons dire quelques mots des instruments d'observation et de mesure qui en sont le complément indispensable.

On donne le nom d'*électroscopes* aux instruments qui servent à reconnaître si un corps est ou n'est pas électrisé, et, dans le premier cas, la nature de l'électricité libre développée à sa surface. Les pendules simples ou doubles, dont il a été plus haut question, sont des électroscopes. On réserve le nom d'*électromètres* aux instruments destinés à mesurer les quantités d'électricité des corps. La balance à torsion de Coulomb, que nous avons décrite dans le paragraphe consacré à la détermination des lois des actions électriques, n'est autre chose qu'un électromètre.

Le *pendule électrique simple* est formé, comme on sait, d'une boule légère, liège ou moelle de sureau, suspendue par un fil qui est tantôt conducteur, tantôt isolant. Quand le fil est conducteur et en communication avec le sol par un pied métallique, l'appareil indique seulement, par l'attraction que subit la boule, si le corps qu'on en approche est électrisé ou à l'état naturel. Si le fil de suspension est en soie et le pied en verre verni à la gomme laque, le pendule sert à reconnaître la nature de l'électricité du corps. Pour cela, on l'approche de la boule qui est attirée, puis, après contact, repoussée. Cela fait, on prend un bâton de verre et un bâton de résine qu'on électrise en le frottant avec un morceau de drap; on les approche successivement de la boule, et c'est celui des deux qui détermine une répulsion qui est électrisé comme le corps. On pourrait aussi procéder d'une façon inverse, électriser la boule du pendule en la faisant toucher par l'un ou l'autre bâton : électrisée par le verre, elle serait chargée d'électricité positive ; par la résine, d'électricité négative. Si le corps qu'on veut expérimenter repousse alors la boule du pendule, c'est qu'il est lui-même électrisé de la même manière.

Le double pendule formé de deux balles de sureau suspendues à des fils conducteurs (de lin par exemple), et qui restent au contact quand elles ne sont pas élec-

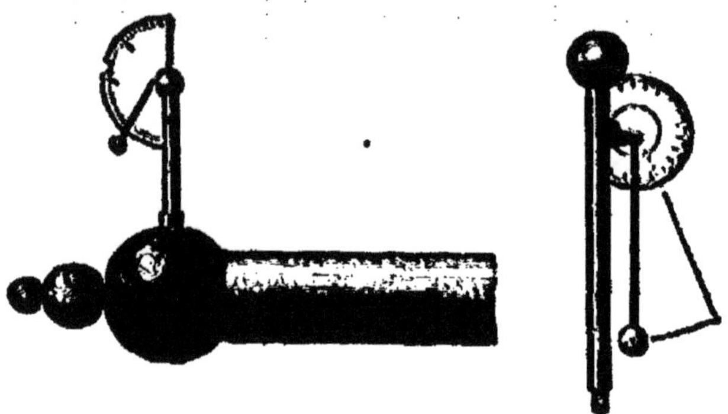

Fig. 98. — Électroscope à cadran.

trisées, divergent dès qu'on les charge de la même électricité. Dufay s'en servit dès 1733, puis l'abbé Nollet et enfin Cavendish (1781), qui mesurait la force de l'électrisation par la divergence plus ou moins grande des deux balles.

L'*électroscope à cadran*, l'*électroscope à feuilles d'or* sont en réalité des pendules simples ou doubles, qui peuvent aussi servir comme électromètres.

La figure 98 représente le premier de ces appareils, qui est, comme on voit, formé d'un support conducteur, surmonté d'un cadran en ivoire. Au centre du cadran, se trouve suspendue la tige d'un pendule à balle de sureau, tige très mince également en ivoire. Quand on place cet appareil sur un corps chargé d'électricité, celle-ci se répand sur toutes les parties de l'électroscope. La balle de sureau, d'abord en contact avec le support, est repoussée, et sa déviation d'avec la verticale est indiquée par les divisions du cadran, l'angle étant d'autant plus grand que la charge électrique du corps est plus considérable.

L'*électroscope à feuilles d'or* (fig. 99) se compose

Fig. 99. — Électroscope à feuilles d'or.

d'une cloche en verre posée sur une plaque de métal, à l'intérieur de laquelle pénètre une tige en laiton surmontée extérieurement d'une boule ou encore d'un plateau métallique. La tige métallique supporte deux feuilles d'or qui se maintiennent verticalement au contact quand la charge électrique de l'appareil est nulle, et qui divergent dans le cas contraire. Voici comment on fait usage de l'électroscope à feuilles d'or, quand on veut reconnaître si un corps est ou non électrisé :

On approche lentement le corps en question de la

boule extérieure; s'il n'est pas chargé d'électricité, les feuilles se maintiennent au contact. S'il est au contraire électrisé, positivement par exemple, l'électricité neutre du système formé par le bouton, la tige métallique et les feuilles d'or sera décomposée par influence, l'électricité négative attirée dans le bouton, l'électricité positive repoussée dans les feuilles; celles-ci s'écarteront donc alors l'une de l'autre, en formant entre elles un angle d'autant plus grand que la charge électrique du corps est plus considérable. Qu'on vienne maintenant à toucher le bouton avec le doigt, et l'électricité de même nature que celle du corps inducteur s'écoulera dans le sol; c'est le fait que nous avons constaté plus haut en décrivant les phénomènes d'électrisation par influence. Les lames d'or se rapprocheront donc de la verticale, et le système sera chargé d'électricité négative, principalement accumulée dans le bouton. Si on enlève le doigt et en même temps le corps inducteur, cette même électricité négative se répandra dans le système, et fera de nouveau diverger les feuilles d'or.

De chaque côté des feuilles d'or de l'électroscope, on aperçoit deux petites tiges verticales terminées par des boules; ces tiges qui reposent sur le plateau de l'appareil et qui dès lors communiquent avec le sol, prennent par influence une électricité contraire à celle des feuilles; elles les attirent donc et par suite contribuent à augmenter leur divergence. Dans le cas où cette divergence deviendrait assez grande pour que les feuilles d'or allassent toucher les parois de la cloche de verre, les boules des tiges les arrêteraient. Par ce contact les feuilles perdent leur électricité et retombent dans la verticale; mais on évite ainsi l'inconvénient qui eût résulté de l'adhérence des feuilles aux parois de la cloche.

L'électroscope se trouve donc, par cette opération,

chargé d'électricité, laquelle est toujours de nature contraire à celle du corps qu'on lui a présenté. En cet état, il peut servir à reconnaître quelle est la nature de cette électricité, au cas où elle serait ignorée. Voici comment on procède alors à cette détermination :

On approche du bouton de l'instrument un corps chargé d'une électricité connue, par exemple un bâton de résine, électrisé négativement. Dans le cas que nous avons supposé, c'est-à-dire les feuilles se trouvant chargées négativement, qu'arrivera-t-il? L'influence de l'électricité négative du bâton se manifestera par un accroissement de divergence des lames, l'électricité négative de la tige étant repoussée dans ces dernières, dont la tension se trouvera ainsi augmentée.

Si, au lieu d'un bâton de résine, on eût pris un bâton de verre, électrisé positivement, les électricités contraires des lames d'or et du verre se seraient attirées; la divergence, au lieu d'augmenter, aurait diminué jusqu'au contact. Mais, dans ce cas, il pourrait y avoir une cause d'erreur, en ce que, les lames étant arrivées au contact, l'influence du bâton de verre peut déterminer une décomposition nouvelle et dès lors une divergence des lames d'or. Il vaut donc mieux, quand il n'y a pas tout d'abord divergence, faire une seconde épreuve avec un corps chargé d'une électricité opposée.

Quand la source dont on veut mesurer l'intensité est très faible, et qu'elle est impuissante pour produire une divergence appréciable des feuilles d'or, on emploie l'*électroscope condensateur de Volta*. Ce n'est autre chose qu'un électroscope à feuilles d'or dont la sensibilité a été augmentée par la substitution à la boule supérieure d'un disque ou plateau métallique, recouvert à sa surface d'un vernis à la gomme laque. Sur ce disque, on en pose un autre semblable, de même dimension, muni d'un manche isolant, et verni comme le premier, de sorte que ce sont les deux faces isolantes qui se touchent. Supposons qu'on veuille étudier l'état électrique d'une faible source,

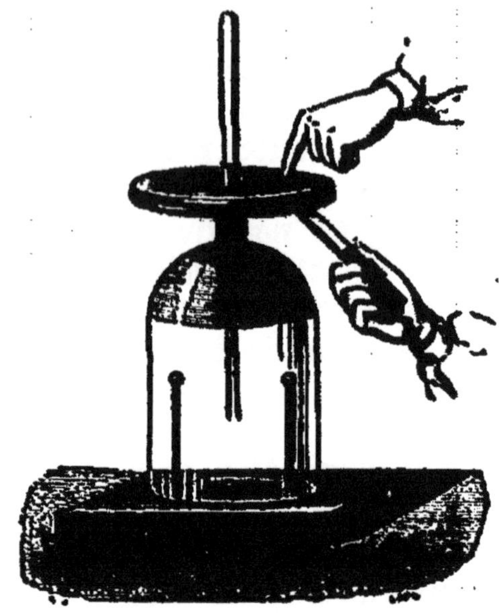

Fig. 100. — Électroscope condensateur de Volta.

par exemple d'une lame double de cuivre et de zinc soudés. On fait communiquer l'un des plateaux, le supérieur, avec le sol en y posant le doigt, comme le montre la figure 100; puis, tenant à la main le zinc de la lame, on fait toucher le plateau inférieur du condensateur par l'extrémité cuivre. Les deux plateaux se chargent, par influence, d'électricité contraire, les vernis isolants qui les séparent leur faisant jouer le rôle de condensateurs. On supprime alors les deux communications du plateau supérieur avec le sol et de l'inférieur avec la source d'électricité. L'électricité de cette source qui s'était accumulée sur le second et qui était retenue à la surface du disque par l'influence du condensateur, se répand sur toute la surface et, par suite, sur les feuilles d'or, qui se mettent à diverger. Volta avait pu apprécier ainsi des forces électriques extrêmement faibles : une source

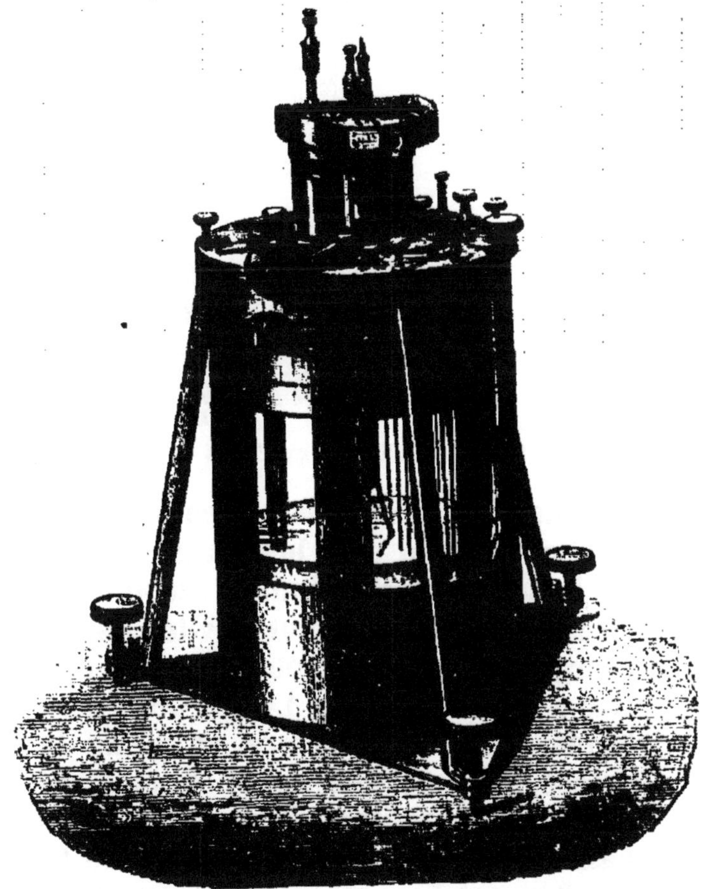

Fig. 101. — Électromètre à quadrants de Thomson

électrique qui, dans l'électroscope ordinaire, n'eût donné qu'une divergence de 0°,25, grâce à l'emploi du condensateur, produisait une divergence de 30°, c'est-à-dire 120 fois plus considérable.

Un physicien anglais contemporain, W. Thomson, a imaginé diverses formes d'électromètres : le plus employé et le plus précis est celui qu'on nomme l'*électromètre à quadrants*, représenté dans la figure 101. Nous allons en indiquer le principe.

Une aiguille métallique très légère (en aluminium par exemple) et ayant la forme d'un 8, comme on la voit représentée en C dans la figure 102, est sus-

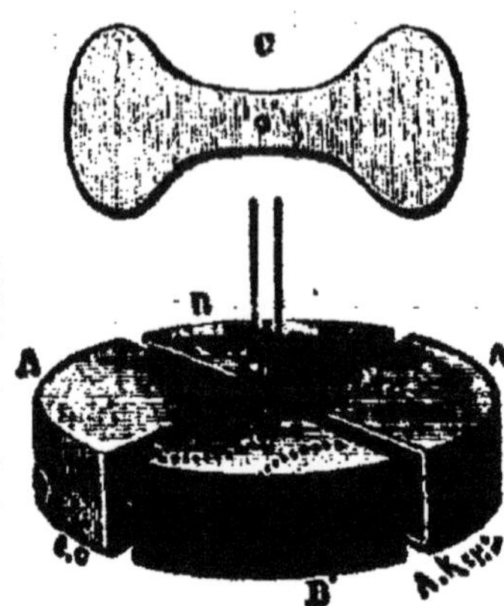

Fig. 102. — Aiguilles et quadrants de l'électromètre Thomson.

pendue par deux fils parallèles, de manière à pouvoir osciller dans un plan horizontal comme une aiguille de boussole. Cette aiguille reçoit une forte charge électrique, et, dans le but d'éviter les pertes que cette charge pourrait subir, elle est reliée par un fil de platine à une bouteille de Leyde. Cette dernière est ainsi formée : un vase en verre, en forme de cloche renversée, est en partie rempli d'acide sulfurique concentré pur, constituant l'armature intérieure; le même vase est recouvert extérieurement de feuilles d'étain qui forment l'armature extérieure du condensateur. L'aiguille est renfermée dans une sorte de boîte formée de quatre quadrants métalliques disposés horizontalement comme on le voit dans la figure 102. Chaque quadrant est isolé de ses voisins, mais relié à celui qui lui est diamétralement opposé, le tout formant ainsi deux systèmes électriques.

Supposons que l'aiguille soit chargée d'électricité

positive, qu'on mette les quadrants A et A' en communication avec le sol et les quadrants opposés B et B' avec le conducteur dont il s'agit d'évaluer l'état électrique. L'électricité du conducteur passera sur les quadrants B et B' et décomposera par influence l'électricité naturelle du système AA', qui se chargera de l'électricité contraire. L'aiguille éprouvera une déviation, chacune de ses extrémités étant attirée par le système qui contient l'électricité négative, et repoussée par l'autre. Le sens de la déviation indiquera donc la nature de l'électricité qu'il s'agit de mesurer, et l'amplitude de cette déviation mesurera son intensité. Comme les déviations sont toujours très faibles (ne dépassant jamais 4° à 5°), pour les mesurer, on adapte à la tige de l'aiguille (fig. 103) un petit miroir métallique concave M dans lequel on observe l'image réfléchie des divisions d'une règle graduée. On voit dans la figure 101, au-dessus du couvercle de la boîte qui renferme la bouteille de Leyde et le système des quadrants, une lanterne à l'intérieur de laquelle est le point de suspension de la tige de l'aiguille. C'est au travers de l'ouverture de cette lanterne qu'on observe le petit miroir fixé au-dessus de l'aiguille, non au-dessous comme le ferait croire la disposition purement théorique de la figure 103.

Nous nous bornons à ces indications sommaires, en renvoyant le lecteur aux traités spéciaux pour la description détaillée de l'électromètre de Thomson [1].

On mesure encore la charge électrique d'une source soit par l'intensité de l'étincelle qui se produit lorsqu'on la décharge, soit par le nombre des étincelles identiques qu'on tire de la source. L'*électromètre de Lane* est un appareil basé sur ce dernier principe. Il

1. *Traité expérimental d'Électricité et de Magnétisme* de Gordon; *Traité d'Électricité statique* de Mascart, etc.

est formé d'une bouteille de Leyde (fig. 104) dont l'armature intérieure *a* est mise en communication avec la source dont on veut mesurer la charge. L'armature extérieure communique de son côté avec le sol et avec une boule *b* portée par une tige horizontale qu'on peut à volonté approcher de la boule *a*, à l'aide d'une vis qui fait mouvoir la colonne supportant la tige. Lorsque, pour une distance convenable

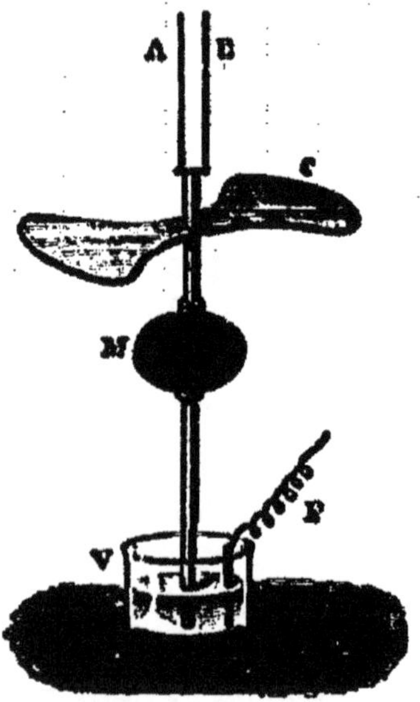

Fig. 103. — Suspension bifilaire et miroir de l'aiguille de l'électromètre à quadrants.

des deux boules, la charge électrique de la source (une machine électrique par exemple) aura atteint une valeur limite, une étincelle jaillira spontanément, et le phénomène se produira d'une manière continue. Il est bien clair que la quantité d'électricité qui *s'écoule ainsi* est proportionnelle au nombre des étincelles identiques produites entre les boules de l'appareil. Mais, pour pouvoir comparer des sources différentes, il faut que la distance à laquelle l'explosion se fait reste la même, ainsi que le conducteur qui unit la boule *b* à l'armature extérieure de la bouteille.

Si l'on veut mesurer la charge d'une batterie en se servant de la bouteille électrométrique de Lane, on peut opérer de deux manières différentes : 1° isoler la batterie, faire communiquer son armature interne avec l'appareil producteur d'électricité, son armature externe avec le bouton *a* de l'électromètre, le bouton *b* ainsi que l'armature extérieure de la bouteille com-

Fig. 104. — Électromètre de Lane.

muniquant au sol; à mesure que la batterie se charge d'électricité positive, son armature extérieure prend de l'électricité négative, et la bouteille de Lane reçoit de l'électricité positive; 2° isoler la bouteille de Lane dont le bouton *a* est mis en communication avec la source, le bouton *b* étant relié à l'intérieur de la batterie dont l'armature communique au sol.

CHAPITRE VI

EFFETS DES DÉCHARGES D'ÉLECTRICITÉ STATIQUE

I

Effets mécaniques et physiques.

Quand un corps est chargé d'électricité, on peut le ramener à l'état naturel de deux manières : ou bien en le mettant en communication avec le réservoir commun, le sol, par l'intermédiaire d'un corps conducteur, par exemple d'un fil métallique; en ce cas, l'électricité du corps s'écoule spontanément et le phénomène qui a lieu alors a reçu de Faraday le nom de *décharge conductive*. On peut encore décharger le corps en approchant de sa surface électrisée un autre corps conducteur, mais sans qu'il y ait contact; dans ce cas, la décharge a lieu, dans le milieu isolant interposé, l'air, par la production d'une étincelle, et elle se nomme *décharge disruptive*. Les effets qui résultent de ces deux modes de réduction de l'électricité sont très variés; nous en avons déjà donné d'assez nombreux exemples dans diverses expériences décrites plus haut. Il est à propos de les compléter.

On peut classer les effets des décharges d'électricité statique en trois catégories principales : les *effets mécaniques et physiques*, les *effets chimiques*, les *effets physiologiques*, selon la nature des phénomènes qui se manifestent alors; mais il arrive souvent que ces effets se produisent simultanément.

Commençons par les effets mécaniques. Les expériences du perce-carte et du perce-verre nous ont montré l'étincelle traversant des corps solides d'une faible épaisseur. Ce n'est pas tant la quantité d'électricité qui joue un rôle dans ce phénomène, que la *différence de potentiel*[1]. « C'est ainsi, dit M. Mascart, qu'on pourra percer une lame de verre de quelques millimètres aussi bien et même plus facilement avec une seule bouteille qu'avec une batterie. Les étincelles directes d'une machine électrique conviennent mieux, parce qu'elles sont plus longues; les étincelles

1. Nous ne pouvons mieux faire, pour donner une idée à la fois nette et concise de cette expression, que d'en emprunter la définition au *Traité expérimental* de Gordon, que nous avons déjà cité plusieurs fois :

« Toutes les fois que l'électricité se meut, ou tend à se mouvoir, d'une position à une autre, on dit qu'il y a une *différence de potentiel* entre ces deux positions.

« On dit que la position d'*où* l'électricité tend à s'éloigner a un potentiel plus élevé que l'autre.

« Supposons qu'une quantité d'électricité s'écoule d'un point à un autre : alors *la différence de potentiel, ou ce qu'on appelle aussi la force électromotrice entre ces deux points, est une quantité qui représente la somme de travail que chaque unité d'électricité développerait dans son trajet, si ce travail pouvait être utilisé tout entier en l'appliquant à une machine parfaite dont il formerait la puissance motrice.*

« La différence de potentiel est calculée comme il suit : supposons qu'on oblige une unité d'électricité à se déplacer dans la direction opposée à celle suivant laquelle les forces électriques tendraient à l'entraîner; le *travail mécanique* nécessaire à cet effet devra être fourni par un homme, une machine à vapeur, ou toute autre source de puissance.

« *La différence de potentiel entre deux points est définie comme numériquement égale à la somme de travail nécessaire pour forcer une unité d'électricité à se transporter d'un point à l'autre, dans la direction opposée à celle suivant laquelle elle tend à se mouvoir.* »

d'une machine de Holtz munie de ses bouteilles de condensation réussissent mieux encore, parce que ces bouteilles sont disposées en cascade : la différence des potentiels est alors très élevée et la quantité d'électricité assez grande. » On parvient ainsi à percer des plaques de plusieurs centimètres d'épaisseur; mais il faut prendre alors des précautions pour empêcher que l'étincelle ne suive la surface de la plaque en la contournant au lieu de la traverser.

Van Marum a fait éclater en deux morceaux un cylindre de buis ayant 8 centimètres de diamètre et autant de hauteur. Il avait enfoncé dans les bases les deux pointes de l'excitateur reliant les pôles d'une batterie de 15 mètres carrés de surface.

Un effet mécanique assez singulier, observé pour la première fois par Nairne et que M. E. Becquerel a étudié ensuite, est le raccourcissement que la décharge d'une batterie produit dans un fil métallique qu'elle traverse; par compensation, il y a une légère augmentation dans le diamètre du fil. Si la décharge passe entre deux corps métalliques, par exemple entre le bouton en laiton d'une bouteille de Leyde et une plaque d'argent, elle dépose sur la plaque une petite tache jaune, due au transport de parcelles détachées du bouton. Ce transport ne coïncide-t-il pas avec la volatilisation du métal qui résulte de l'élévation de température produite par l'étincelle?

Cette question nous amène à dire un mot de l'échauffement que provoque la décharge électrique, aussi bien conductive que disruptive.

Quand on fait passer la décharge d'une batterie à travers un fil conducteur, ce fil s'échauffe; mais l'élévation de température dépend de la résistance qu'il offre au passage de l'électricité, et cette résistance elle-même dépend des dimensions du fil et de la nature du métal qui le constitue. Pour une même décharge électrique, la quantité de chaleur dégagée est proportionnelle à la longueur du fil et en raison inverse de sa section. Les fils sont supposés de même nature. Mais si l'on prend des fils de métaux différents, on trouve que l'élévation de température est en raison inverse de la densité du métal et de sa chaleur spécifique [1]. Si le fil métallique est assez fin et la force de la batterie assez grande, la température peut s'élever jusqu'à la fusion du fil, et même à sa volatilisation. Nous avons vu plus haut comment on dispose l'expérience en se servant de l'excitateur universel (fig. 90), et nous avons indiqué déjà quelques-uns des effets obtenus en employant des fils de divers métaux. Ajoutons que l'on s'est servi de cette propriété des décharges pour mesurer leurs puissances comparatives, et l'on a trouvé que la longueur limite qu'un fil doit atteindre pour être porté à la température de fusion sans la dépasser, est proportionnelle au carré de la charge et en raison inverse de la surface de la batterie. Pour ces expériences, tous les métaux ne sont pas également bons : le laiton, par exemple, ne convient pas, parce qu'il se ramollit

1. On peut ainsi ranger les métaux en une série dans laquelle l'un d'eux, le platine par exemple, étant pris pour unité, chaque métal est caractérisé par des nombres mesurant sa résistance spécifique, son coefficient d'échauffement et sa résistance à la *fusion*. Le tableau suivant est le résultat d'expériences sur ce sujet dues à M. Riess :

Métaux.	Résistance spécifique.	Coefficient d'échauffement.	Résistance à la fusion.
Cuivre........	0.1552	0.1133	4.893
Argent........	0.1645	0.1267	3.916
Or............	0.1746	0.2112	2.960
Fer...........	0.8789	0.7080	1.059
Platine.......	1.	1.	1.
Nickel........	1.180	0.8727	0.916
Cadmium.......	0.4047	0.58	0.310
Étain.........	1.053	1.57	0.072
Plomb.........	1.503	2.876	0.058

bien avant le point de fusion complète. Le fer, l'acier sont au contraire excellents, ces deux métaux se détachant en gouttelettes aussitôt que la température de fusion est atteinte. Donnons, d'après M. Mascart, un exemple de vérification de la loi qui vient d'être énoncée. « Si l'on charge une batterie, dit-il, par l'intermédiaire d'une bouteille de Lane, et si l'on règle la distance explosive de cette bouteille de façon que la batterie chargée par 50 étincelles soit capable de fondre 25 centimètres d'un fil de fer de $0^{mm},1$ d'épaisseur, par exemple, on vérifiera que des charges successives de 40, 30, 20 et 10 étincelles sont capables de fondre exactement des longueurs du même fil égales à 16, 9, 4 et 1 centimètres. » Ainsi la longueur limite de fusion d'un même fil est bien proportionnelle aux carrés des charges de la batterie.

La production de lumière qui accompagne les décharges disruptives est un des effets physiques les plus intéressants de l'électricité. Les formes variées que prend le phénomène, les lueurs, aigrettes, étincelles, leur durée, leur longueur, leur intensité, la couleur qu'elles affectent dans les divers milieux, méritent une étude à part qui nécessitera un chapitre spécial, quand nous aurons passé complètement en revue les divers modes de production de l'électricité. Nous ne voulons parler ici que de quelques-uns des effets physiques ou chimiques dont la lumière électrique est accompagnée.

L'étincelle électrique, lorsqu'elle se produit au contact ou au voisinage d'une substance combustible, peut en provoquer l'inflammation. Les physiciens du dernier siècle ont fait sur ce point de nombreuses expériences. On a déjà vu dans le § 4 que l'on peut enflammer ainsi de l'alcool, de l'éther; on parvient aussi à rallumer une bougie éteinte lorsque la mèche fume encore, ou à provoquer l'explosion d'un amas de poudre. Pour que cette dernière expérience réussisse, il faut prendre certaines précautions, à moins que l'étincelle ne provienne d'une forte décharge, de celle d'une batterie par exemple. On mélange la poudre avec un autre corps combustible, mais mauvais conducteur, comme de la résine en poudre, du camphre. L'échauffement qui résulte d'un accroissement de résistance est alors suffisant pour enflammer la poudre, qu'on peut aussi placer dans une cartouche en papier, entre deux pointes métalliques dont chacune est mise en communication avec une des armatures d'une bouteille de Leyde.

Un des effets physiques les plus importants à considérer, que produit la décharge électrique, est son action sur une aiguille d'acier placée dans le voisinage. Elle peut lui communiquer la vertu magnétique si elle est à l'état neutre, ou, si l'aiguille est déjà aimantée, elle peut en intervertir les pôles. C'est Franklin qui découvrit le premier ce moyen d'aimanter de petits barreaux d'acier; il se servait pour cela d'une bouteille de Leyde. Kinnersley ayant fait passer une décharge électrique dans un fil de fer, vit une aiguille aimantée pirouetter sur son pivot au moment où le fluide traversait le fil. Ces faits ne prirent une réelle importance qu'en 1820, quand le physicien suédois Œrstedt découvrit l'influence des courants de la pile voltaïque sur l'aiguille aimantée. Nous étudierons plus loin ces faits, qui ont enrichi la science de l'électricité d'une branche nouvelle, l'ÉLECTRO-MAGNÉTISME.

II

Effets chimiques des décharges électriques.

L'étincelle électrique provoque des phénomènes chimiques, soit des combinaisons de gaz, soit des décompositions de composés binaires ou de dissolutions salines. Une expérience, qui date de 1784 et qui est due à Cavendish, a montré pour la première fois que l'*air inflammable* ou l'hydrogène se combine avec l'oxygène de l'air pour former de l'eau. On répète aujourd'hui, dans les laboratoires de chimie,

Fig. 105. — Eudiomètre. Combustion de l'hydrogène et synthèse de l'eau.

cette expérience avec l'appareil qui a reçu le nom d'*eudiomètre*. La figure 105 représente l'eudiomètre à mercure. Il se compose d'une éprouvette formée par une garniture métallique que termine un bouton de même nature. Après avoir rempli l'éprouvette de mercure, on la renverse dans une cuve remplie du même liquide, et on y introduit successivement 2 volumes de gaz oxygène et 2 volumes d'hydrogène. Une spirale en fer traverse le mercure de l'éprouvette et va jusqu'auprès du bouton métallique. Les choses étant ainsi disposées, on approche de ce dernier le plateau d'un électrophore ; une étincelle se produit à l'intérieur du mélange gazeux. Le mercure monte dans l'éprouvette et laisse 1 volume d'un gaz qu'on reconnait être de l'oxygène pur. Les 2 volumes d'hydrogène se sont combinés avec 1 volume d'oxygène pour former de l'eau, qui s'est déposée à l'état de vapeur sur les parois intérieures du verre.

L'étincelle électrique ne fait ici que déterminer, dans la couche de gaz où elle éclate, une élévation de température suffisante pour provoquer l'inflammation, c'est-à-dire la combinaison chimique de cette couche. La chaleur de cette combinaison se propage aux couches voisines, et le mélange tout entier subit la même action ; mais il faut pour cela que la proportion des gaz soit convenable. D'après Humboldt et Gay-Lussac, il n'y aurait plus d'inflammation dans le mélange détonant, si l'oxygène était en excès dans la proportion de 14 contre 3.

Parmi les exemples de combinaisons chimiques déterminées par l'aide de l'étincelle électrique, citons celle qu'a obtenue M. Berthelot : ce savant a reproduit l'acide cyanhydrique en faisant passer une série de décharges dans un mélange d'azote et d'acétylène.

On décompose aussi de la même manière certaines combinaisons, comme les oxydes métalliques, divers acides et un grand nombre de gaz composés. Le sulfure de mercure, les oxydes de plomb, de zinc, d'étain, de bismuth, l'acide carbonique, l'acétylène, l'oxyde de carbone, les acides chlorhydrique, hypoazotique, l'ammoniaque sont décomposés en leurs éléments, lorsqu'on les fait traverser par des séries de décharges ou d'étincelles électriques. Dans tous ces phénomènes, c'est à la chaleur dégagée par l'étincelle qu'on doit attribuer la séparation des éléments chimiques. Mais il est démontré aussi qu'indépendamment de cette action les deux électricités positive et négative exercent une influence spéciale, analogue à celle que nous verrons plus tard être particulière aux courants voltaïques.

Comme dernier exemple d'effet chimique produit par les décharges électriques, nous citerons l'*ozone*, nom donné au gaz oxygène électrisé. Il y a quarante-neuf ans, un chimiste suisse, Schönbein, a reconnu dans l'oxygène électrisé des propriétés caractéristiques qui ont été depuis cette époque l'objet d'études importantes. L'ozone a une odeur très forte, nauséabonde et rappelant celle qu'on avait depuis longtemps remarquée, par les temps d'orage, dans les endroits où la foudre venait de tomber. Respiré en quantité un peu grande, il irrite les muqueuses des bronches et provoque des crachements de sang. L'ozone humide oxyde la plupart des métaux, décompose les couleurs organiques, enflamme le phosphore, décompose l'iodure de potassium [1]. Sec, il n'a pas, au contraire, d'autres propriétés oxydantes que celles de l'oxygène ordinaire. « A l'aide de ces caractères de l'ozone, dit M. Mascart, il est facile d'en constater la présence dans un grand nombre d'expériences d'électricité. L'air qui a passé entre les plateaux d'une machine de Holtz est très odorant. Les aigrettes qui se dégagent des conducteurs électrisés, les décharges des batteries, etc., produisent de l'ozone, et, quand on a répété un certain nombre d'expériences d'électricité dans une salle fermée, on sent bientôt partout cette odeur de soufre qui est due à une petite quantité

1. L'ozone bleuit un papier de tournesol rouge imprégné d'iodure de potassium, tandis qu'il n'a pas d'action décolorante sur un papier semblable qui ne renferme point d'iodure. M. Houzeau a déduit de cette propriété une méthode pour doser la quantité d'ozone que contient l'air atmosphérique.

d'ozone. » Aussi les observateurs n'avaient-ils pas attendu la découverte de Schönbein pour reconnaître la présence d'un agent caractéristique. Van Marum croyait que cette odeur était celle de la matière électrique; Franklin signalait une analogie de plus entre l'électricité dégagée dans les machines et l'électricité atmosphérique.

III

Effets physiologiques des décharges électriques.

Il nous reste, pour terminer ce chapitre, à décrire les effets physiologiques de l'électricité. On entend par là les phénomènes qui se produisent quand on fait passer le flux d'une décharge électrique à travers le corps de l'homme ou celui des animaux.

Déjà nous avons signalé la secousse violente qui résulte de la décharge d'une bouteille de Leyde. Cette secousse se fait sentir principalement dans les articulations des bras et du poignet, des jarrets et des pieds. Quand plusieurs personnes font la chaîne, il n'y a pas de différence appréciable dans la force de la commotion éprouvée par les unes et les autres; elle est aussi vive pour les personnes placées au milieu que pour celles qui, placées aux deux extrémités, touchent les armatures de la bouteille. Cependant il n'en est plus ainsi quand le nombre des opérateurs est considérable; mais alors il est probable que la différence d'intensité provient d'une déperdition notable d'électricité causée par le défaut d'isolement.

Avec une seule bouteille de Leyde, on tue aisément de petits animaux, des oiseaux par exemple. Mais la sensibilité ne dépend pas seulement du volume du corps ou de la taille de l'animal ; les espèces à sang froid, comme les reptiles, les batraciens, résistent à des décharges beaucoup plus fortes que les espèces à sang chaud.

Singer donne d'intéressants détails sur l'impression ressentie, selon que la décharge traverse telle ou telle partie du corps. « Le fluide électrique, dit-il, paraît agir très puissamment sur les nerfs, et quand une commotion traverse une partie quelconque du corps en suivant leur trajet, elle donne généralement lieu à de graves accidents. Lorsque la décharge d'une batterie passe à travers la tête d'un oiseau, les nerfs optiques sont toujours lésés ou détruits, et en répétant cette expérience sur un plus gros animal, on prétend qu'il en résulte une prostration générale de forces accompagnée de tremblement. Une fois, par accident, j'ai reçu au travers de la tête la charge d'une forte batterie : la sensation que j'éprouvai fut une commotion violente et universelle, suivie d'une perte momentanée de mémoire et de trouble dans la vue ; mais ces accidents ne furent que passagers. Suivant M. Morgan, si le diaphragme est placé sur la route que doit suivre le fluide fortement accumulé sur une surface armée de deux pieds carrés, les poumons font un violent effort, suivi d'un cri perçant ; mais lorsque la charge est petite, elle ne manque jamais de produire une grande envie de rire. Les personnes mêmes dont le flegme et la gravité ne sont point altérés par les circonstances les plus plaisantes, peuvent rarement résister au pouvoir *comique* de l'électricité. Une forte décharge produit sur le diaphragme un effet qui est fréquemment suivi de soupirs, de larmes involontaires, et quelquefois même d'un évanouissement. Si la commotion traverse la colonne vertébrale, elle détermine une grande faiblesse des membres inférieurs, tellement que, si une personne est alors debout, elle

14

tombe quelquefois sur les genoux et souvent même est renversée.

« La commotion électrique pouvant donner lieu à des accidents plus ou moins graves, surtout si on en fait un usage inconsidéré, il faut mettre beaucoup de précaution dans ces sortes d'expériences, lors même que c'est par amusement qu'on se propose de les répéter. Il paraît néanmoins qu'aucun résultat fâcheux n'est à redouter, quand c'est à travers le bras que le choc est dirigé. »

Les batteries à grande surface sont dangereuses pour l'homme et pour les gros animaux. On assure que la batterie du musée Teyler, à Harlem, est assez puissante pour tuer un bœuf. « L'énergie de la secousse provoquée dans un être vivant, dit M. Mascart, augmente avec la différence de potentiel [1] des deux conducteurs que l'on met en relation, et surtout avec la quantité d'électricité. Ainsi on peut recevoir impunément des étincelles de 20 ou 30 centimètres fournies par une machine ordinaire à plateau ou même par une bobine d'induction, tandis que la décharge d'une batterie capable de donner seulement des étincelles de quelques millimètres peut être foudroyante. De même, à masse électrique égale, la décharge d'une cascade donne une secousse plus violente que celle d'une bouteille unique. Il semble donc résulter de ces indications générales que la secousse physiologique varie dans le même sens que l'énergie électrique de la décharge. Une autre circonstance cependant joue encore un rôle très important, c'est la durée du phénomène; la secousse est très faible quand on décharge une batterie par l'intermédiaire d'une corde mouillée; elle peut être encore supportable quand on touche avec les mains bien sèches les deux armatures de la

1. Voir la note de la page 209.

même batterie, et elle devient sensiblement plus énergique si l'on a soin de mouiller les mains pour les rendre plus conductrices. »

L'influence physiologique de l'électricité, soit qu'on l'applique sous forme de décharges disruptives, avec production d'étincelles isolées ou successives, soit qu'on l'emploie sous la forme de courants continus, demanderait de longs développements qui ne seraient point ici à leur place. En traitant des appareils d'électricité médicale, nous reviendrons sur ce sujet. Depuis l'abbé Nollet, de nombreux savants se sont occupés de cette question, qui exige que l'on joigne à une connaissance approfondie de la Physique une compétence spéciale en Biologie.

CHAPITRE VII

LA PILE

I

Expériences de Galvani. — Découvertes de Volta.

Dans toutes les expériences que nous avons décrites jusqu'ici, la source unique de l'électricité développée à la surface des corps est une action mécanique, le frottement. C'était la seule qu'on connût à la fin du dernier siècle, quand un heureux hasard vint tout à coup révéler aux physiciens un nouveau mode de production du mystérieux agent, et provoquer une série de découvertes du plus haut intérêt, tant au point de vue de la science pure qu'au point de vue de ses applications pratiques. Deux grands noms se rattachent à l'origine de ce mouvement qui a fait accomplir à la science de l'électricité tant de progrès : ce sont ceux de Galvani et de Volta.

Galvani, savant médecin et professeur d'anatomie à l'université de Bologne, était, un soir de l'année 1780, occupé dans son laboratoire avec quelques amis à faire des expériences relatives au fluide nerveux des animaux. Sur une table, où se trouvait une machine électrique servant aux expériences, on avait placé par hasard des grenouilles fraîchement écorchées destinées à faire du bouillon; l'un des aides de Galvani

« approcha par mégarde la pointe d'un scalpel des nerfs cruraux internes de l'un de ces animaux : aussitôt tous les muscles des membres parurent agités de fortes convulsions. L'épouse de Galvani était présente; elle fut frappée de la nouveauté du phénomène; elle crut s'apercevoir qu'il concourait avec le dégagement de l'étincelle électrique. » (P. Sue, *His-*

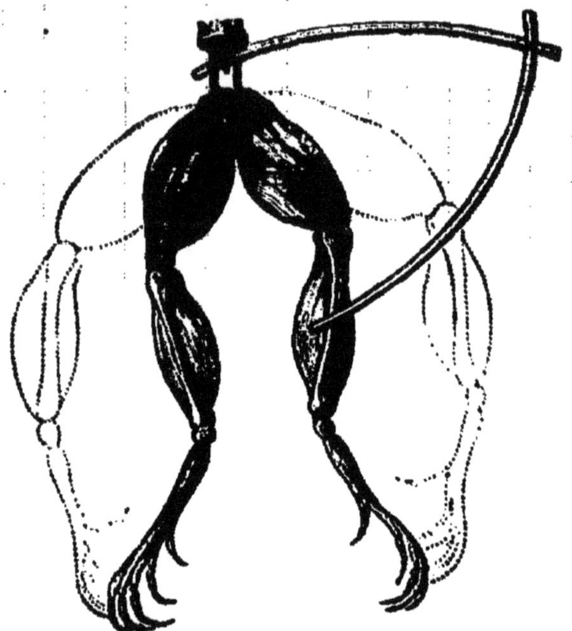

Fig. 106. — Contraction des muscles d'une grenouille. Répétition de l'expérience de Galvani.

toire du Galvanisme.) Elle avertit son mari, qui s'empressa de vérifier ce fait curieux, et reconnut que les contractions musculaires de la grenouille avaient lieu, en effet, *toutes les fois* qu'on tirait une étincelle, tandis qu'elles cessaient si la machine était en repos.

Cette observation fut, pour le médecin bolonais, le point de départ de nombreuses expériences, par lesquelles il chercha à prouver l'identité du fluide nerveux des animaux et de l'électricité. En 1786, il continuait encore ce genre de recherches. Voulant voir un jour si l'influence de l'électricité atmosphérique sur les muscles des grenouilles serait la même que celle de l'électricité produite dans les machines, il avait, dans ce but, suspendu un certain nombre de grenouilles dépouillées au balcon d'une terrasse de sa maison. Les membres inférieurs de ces animaux se trouvaient accrochés au fer du balcon par un fil de cuivre qui passait sous les nerfs lombaires. Galvani remarqua avec surprise que, toutes les fois que les pattes venaient à toucher le balcon, les membres des grenouilles étaient contractés par de vives convulsions, bien qu'en ce moment il n'y eût aucune trace de nuage orageux, ni par conséquent d'influence électrique de l'atmosphère.

Ces faits suggérèrent à Galvani l'idée qu'il existait une électricité propre aux animaux, inhérente à leur organisation, que cette électricité, sécrétée par le cerveau, réside spécialement dans les nerfs, par lesquels elle est communiquée au corps entier ; que « les réservoirs principaux de cette électricité animale sont les muscles, dont chaque fibre doit être considérée comme ayant deux surfaces, et comme possédant par ce moyen les deux électricités positive et négative, chacune d'elles représentant en outre, pour ainsi dire, une petite bouteille de Leyde, dont les nerfs sont les conducteurs ». De là l'assimilation qu'il fit des contractions musculaires observées dans les grenouilles et d'autres animaux aux commotions que donne la décharge d'une bouteille de Leyde.

Alexandre Volta, alors professeur à Pavie, répéta les expériences de Galvani, mais il ne tarda pas à modifier ses explications. Selon Volta, l'électricité développée était de même nature que celle que produisent les appareils électriques : c'est le contact des métaux hétérogènes qui donne lieu à la production d'électricité, l'un des métaux se chargeant d'électricité positive et l'autre d'électricité négative, lesquelles se combinent en traversant le milieu conducteur des muscles et des nerfs.

Une discussion s'engagea entre les deux célèbres physiciens, lutte honorable pour tous les deux, et surtout profitable à la science, qui s'enrichit d'une multitude de faits nouveaux. L'invention du merveilleux appareil qui reçut le nom de *pile de Volta* fit enfin prévaloir la théorie du professeur de Pavie, bien qu'aujourd'hui l'hypothèse de Galvani sur l'existence de l'électricité animale soit en partie reconnue vraie, et que, d'autre part, les idées de Volta aient été profondément modifiées. Ce n'est pas ici d'ailleurs le lieu de faire l'histoire de la lutte que nous venons de rappeler, ni des recherches de tout genre qui l'accompagnèrent et qui la suivirent : bornons-nous à décrire les phénomènes principaux qui se rapportent à cette branche de l'électricité et à exposer les explications qu'on en donne aujourd'hui.

On vient de voir que Volta pensait qu'il suffit du contact de deux métaux différents pour produire de l'électricité. Dans le but d'étudier les circonstances de cette production, il imagina un électroscope plus sensible à feuilles d'or; c'est l'électroscope dont nous avons donné la description dans le précédent chapitre. Prenant alors une lame formée de deux morceaux de cuivre et de zinc soudés ensemble, il mit le cuivre en contact avec l'un des plateaux du condensateur, tandis que par le doigt l'autre plateau se trouvait en communication avec le sol. Dès que les communications furent rompues, les feuilles d'or divergèrent, et il reconnut que le plateau inférieur était chargé d'électricité négative. Volta conclut de cette expérience que le simple contact des deux métaux avait suffi pour développer sur le cuivre l'électricité négative dont l'électromètre accusait la présence, et sur le zinc, l'électricité positive, qui s'écoule dans le sol par le corps de l'observateur. Ce qui le confirma dans cette idée, c'est qu'après plusieurs tentatives d'abord infructueuses, il finit par constater la présence de l'électricité positive dans le zinc, en touchant

Fig. 107. — Condensateur de Volta : expérience sur l'électricité de contact.

le plateau de l'appareil avec ce métal. A la vérité, il lui fallut, pour obtenir ce résultat, interposer entre le zinc et le cuivre du plateau un morceau de drap imbibé d'eau acidulée.

Dans tout cela, Volta ne tenait nul compte du contact des doigts, toujours plus ou moins humides, avec le zinc, métal très oxydable; ni, dans la seconde expérience, de l'influence de l'eau acidulée sur le même métal. Quoi qu'il en soit, il admit que le contact de deux métaux différents et, en général, de deux corps hétérogènes, donne lieu au développement d'une force qu'il nomme *force électromotrice*, parce qu'elle s'oppose à la combinaison des électricités opposées produites sur chacun de ces corps par le contact de leurs surfaces. Bien que ces vues théoriques soient aujourd'hui reconnues inexactes ou tout au moins incomplètes, le fait qu'elles avaient pour objet d'expliquer était réel, et ce fait suggéra à l'illustre physicien la construction d'un appareil qu'on a considéré, à juste titre, comme la découverte capitale des sciences physiques dans les temps modernes. Nous voulons parler de la pile qui porte son nom, de la *pile de Volta*, imaginée en l'année 1800.

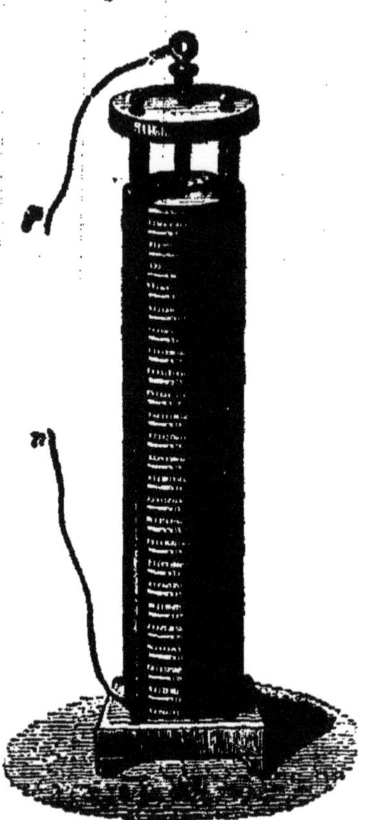

Fig. 108. — Pile de Volta ou à colonne.

Voici en quoi consiste cet appareil, aussi simple que merveilleux.

Deux disques superposés, l'un de cuivre, l'autre de zinc, forment ce que Volta appelait un *couple électromoteur*. Un certain nombre de ces couples sont placés les uns au-dessus des autres, de manière que les deux métaux soient toujours placés dans le même ordre, le cuivre en bas, le zinc en haut par hypothèse. De plus, deux couples quelconques sont séparés au moyen d'une rondelle de drap imbibé d'eau acidulée, additionnée par exemple de quelques gouttes d'acide sulfurique. L'ensemble de ces couples, formant une colonne cylindrique ou pile (fig. 108), est maintenu entre trois colonnes de verre et repose, par un disque isolant aussi de verre, sur un socle en bois.

Telle est la pile, comme la construisait alors Volta, et qui a subi depuis de nombreuses modifications dont il sera question tout à l'heure. Voici maintenant quelles sont ses propriétés.

D'un bout à l'autre de la colonne cylindrique, chaque couple se trouve chargé d'électricité : électricité positive sur le zinc et négative sur le cuivre; c'est ce dont il est facile de s'assurer à l'aide d'un électromètre condensateur. Mais la tension électrique varie selon la distance de chaque couple aux deux extrémités de la pile : au milieu, cette tension est nulle; à partir de là, la tension négative va en croissant jusqu'au couple inférieur, et la tension positive va également en croissant jusqu'au couple supérieur. Plus le nombre des éléments ou des couples est considérable, plus ces tensions de l'électricité aux deux extrémités de la pile sont considérables elles-mêmes.

Dans la pile construite par Volta, et disposée comme nous venons de le dire, c'est un disque de cuivre qui forme l'extrémité inférieure, tandis que la supérieure est terminée par un disque de zinc. Ces deux disques sont supprimés dans les piles à colonnes telles qu'on les contruisit par la suite. Voici pourquoi. Volta croyait que le véritable couple électromoteur était l'assemblage des deux métaux en contact, zinc et cuivre, et que la rondelle de drap humide jouait le simple rôle de conducteur. Aujourd'hui, il est démontré que la force électromotrice prend naissance à la surface de contact du drap humide et du zinc, sous l'influence de la combinaison chimique du métal et de l'acide : le véritable couple est donc formé du zinc et du cuivre, séparés par le liquide dont le drap est imbibé. Dès lors le disque cuivre de l'extrémité inférieure et le zinc de l'extrémité supérieure sont inutiles; on les supprime donc. Mais, après cette suppression, les tensions électriques restent distribuées comme elles l'étaient auparavant : c'est-à-dire que la tension est négative sur le zinc inférieur, positive sur le cuivre supérieur. De là les noms de *pôle négatif* et de *pôle positif* donnés aux deux extrémités, zinc et cuivre, de la pile.

La pile ainsi construite et chargée, si l'on met en communication les deux pôles par un corps conducteur, les deux électricités opposées se combinent, et au moment du contact une décharge a lieu. Par exemple, en touchant le pôle positif avec une main, le pôle négatif avec l'autre, on éprouve une commotion analogue à celle que donne la bouteille de Leyde; puis, le contact durant toujours, on éprouve dans les mains une sensation particulière de chaleur et de frémissement [1]. Si les deux pôles sont réunis par deux fils métalliques soudés, l'un au cuivre, l'autre au zinc extrêmes, une étincelle se produit au moment où les fils vont se toucher; mais, après cette décharge partielle, la pile se recharge aussitôt, et les mêmes phénomènes peuvent être reproduits pendant un temps

1. « La sensation qu'on éprouve lors des expériences de la pile, dit P. Sue dans son *Histoire du Galvanisme*, ressemble à l'effet d'une faible charge dans une très grande batterie électrique. Son action est si peu considérable, que son influence ne peut traverser la peau sèche. Il faut donc mouiller une partie de chaque main, puis avec une pièce de métal, qu'on tient dans chacune, toucher le bas et le haut de la pile, ou des conducteurs qui communiquent avec ses deux extrémités. On peut aussi faire arriver ces deux conducteurs dans deux vases d'eau séparés, dans lesquels on plonge un doigt de chaque main. La commotion est d'autant plus forte que le nombre des pièces en contact est plus considérable. Vingt donnent un choc qui est senti dans les bras, lorsqu'on prend les précautions convenables. Avec cent pièces, on l'éprouve dans les épaules. Le courant d'électricité agit sur le système animal pendant tout le temps qu'il continue à faire partie du circuit; et si l'on a la moindre coupure ou écorchure vers les extrémités en contact avec la pile, on éprouve, à l'endroit de l'écorchure, une sensation si douloureuse, qu'à peine elle est supportable. »

assez long. C'est cette propriété de la pile de fournir de l'électricité d'une façon continue qui caractérise ce précieux appareil et donne lieu aux effets variés que nous décrirons plus loin.

II

Formes diverses de la pile de Volta.

La pile de Volta a reçu des formes très diverses, imaginées dans le but d'en rendre l'emploi plus commode et surtout d'en accroître l'énergie. Dans la pile à colonne primitive, cette énergie était diminuée par l'écoulement du liquide que le poids des éléments faisait suinter à l'extérieur, d'où résultait le dessèchement des rondelles de drap et par conséquent la diminution de leur pouvoir conducteur. En outre, cette pile était longue à monter et d'un maniement peu commode. On a bientôt reconnu la nécessité d'en modifier la disposition et l'on a imaginé des piles de formes variées; mais pour toutes celles que nous allons décrire, le principe est le même que celui de la pile de Volta.

La *pile à auges* inventée par Cruikshank, est formée de plaques soudées de zinc et de cuivre, rangées parallèlement dans une caisse ou auge en bois. Les éléments, isolés par un mastic de résine, sont séparés par des compartiments qu'on remplit d'eau acidulée, quand on veut faire fonctionner la pile, en réunissant les deux fils métalliques qui partent des deux plaques extrêmes, le cuivre formant toujours le pôle positif ou l'*électrode positive*, le zinc l'*électrode négative*. Par cette disposition, les courants secondaires ne peuvent plus se produire, et le principal inconvénient de la pile à colonnes est supprimé.

Volta, après avoir inventé la pile à colonnes, imagina la *pile à tasses*, dont la figure 100 fait connaître la disposition.

Imaginez une série de tasses ou de verres remplis

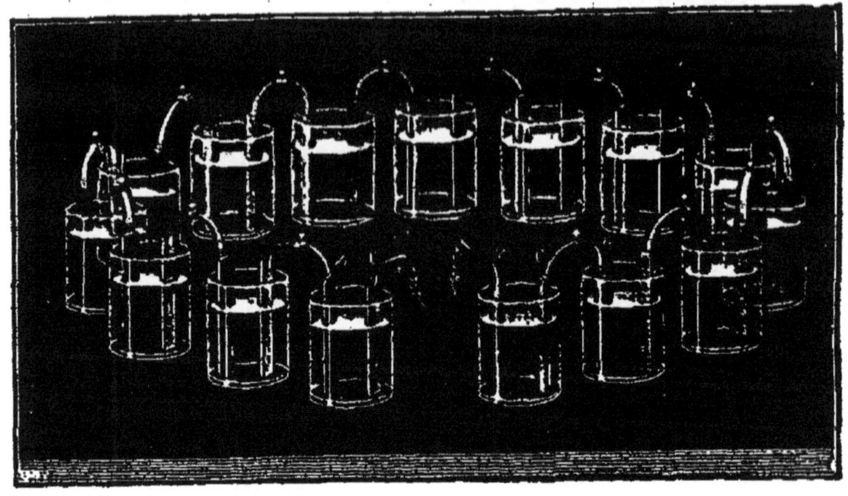

Fig. 109. — Pile à couronne ou à tasses.

d'eau acidulée. Une lame recourbée deux fois, formée d'un côté de cuivre, de l'autre côté de zinc, plonge par chacune de ses extrémités dans le liquide de deux verres consécutifs, de sorte que, dans chacun de ceux-ci, se trouve à la fois une lame de cuivre et une lame de zinc. En réunissant par deux fils métalliques ou *rhéophores* les deux lames, cuivre et zinc, des vases extrêmes, on a la pile à tasses, qu'on nomme aussi *pile à couronne*, parce que l'on range ordinairement les éléments en cercle, ainsi que le montre la figure 109.

Wollaston a imaginé la disposition suivante : Chaque lame rectangulaire de cuivre est recourbée de manière à envelopper sur ses deux faces la lame de zinc, dont elle est d'ailleurs séparée en haut et en bas par des morceaux de bois (fig. 110). Un ruban de cuivre est soudé au côté supérieur du zinc et, en se recourbant deux fois à angle droit, va rejoindre la lame de cuivre du système voisin. Enfin, tous les rubans semblables sont fixés à une traverse en bois, de sorte qu'on peut élever ou abaisser à volonté et à la fois tous les éléments. Des bocaux remplis d'eau acidulée sont disposés au-dessous de chaque élément; il suffit donc d'abaisser la traverse pour faire fonctionner la pile. Les avantages de la pile de Wollaston sont, outre la facilité de manœuvre, la grande étendue de la surface du zinc qui se trouve en contact avec l'acide.

Les piles que nous venons de décrire, ou d'autres offrant des dispositions analogues, ont été longtemps seules connues et employées dans les recherches scientifiques. On en a imaginé depuis un grand nombre de nouvelles et nous décrirons les plus remarquables et les plus usitées dans le paragraphe qui va suivre. Mais auparavant nous donnerons, d'après Pouillet, quelques détails sur les premières et sur leurs effets.

Dès 1806, la Société royale de Londres possédait une batterie de 2000 éléments d'après le système des piles à auges; chaque élément avait une surface de 5 à 6 décimètres carrés. C'est avec cet appareil que Davy parvint, deux ans plus tard, à faire la grande et belle découverte de la décomposition de la potasse et de la soude. A la même époque, Gay-Lussac et Thénard avaient fait construire pour l'École polytechnique une batterie de 600 éléments de chacun 9 décimètres carrés de surface; ils s'en servirent pour leurs nombreux et importants travaux de chimie. « Les plus puissantes machines électriques ordinaires, ajoute Pouillet, n'ont rien qui approche de ces redoutables batteries. Il suffirait d'établir un instant, avec les mains, la communication entre les pôles pour être tué comme par la foudre. Les tiges de platine de 5 ou 6 millimètres de diamètre et de plus d'un mètre de longueur, placées entre les pôles, sont maintenues à l'état de la plus vive incandescence, et presque en fusion, pendant tout le temps qu'elles joignent les pôles; les autres métaux entrent pareillement en fusion ou en combustion, suivant qu'ils sont plus ou

Fig. 110. — Couple isolé de Wollaston.

moins conducteurs de l'électricité, plus ou moins fusibles et plus ou moins oxydables. Enfin, il n'y a pas de composés cliniques conducteurs dont les éléments ne soient rapidement désunis, lorsqu'ils se trouvent placés entre les pôles de ces batteries. Cependant il est rarement nécessaire d'avoir recours à des appareils doués d'une telle puissance. Des piles à auges d'une centaine d'éléments, des piles de Wollaston de 20 ou 30 éléments, ou des piles en hélice de 15 ou 20 éléments, suffisent pour donner une idée de ces divers résultats. Alors les commotions deviennent faibles; il est presque toujours nécessaire d'avoir les mains mouillées pour les ressentir. Les effets physiques de fusion et de combustion ne sont rendus sensibles que sur des feuilles minces d'or, d'argent et d'étain, sur des fils de platine fins et de quelques centimètres de longueur, sur des fils de fer ou d'acier de mêmes dimensions, etc. Les effets physiques se produisent aussi avec une moindre intensité. »

III

Piles à courant constant.

Dans toutes les piles que l'on vient de décrire, les courants et les effets qu'ils produisent diminuaient très rapidement d'intensité. Les raisons de cet affaiblissement sont aisées à concevoir. D'une part, le zinc s'oxyde en décomposant l'eau partiellement et en s'emparant de son oxygène; l'oxyde ainsi formé se combine avec l'acide sulfurique contenu dans la dissolution et donne lieu à la formation d'une certaine quantité de sulfate de zinc. Il y a donc, de ce chef, sous l'influence de cette action chimique, altération du liquide de la pile et, par conséquent, diminution de son activité et du courant qu'elle engendre. D'autre part, l'hydrogène de l'eau décomposée se porte à la surface de la lame de cuivre; les bulles qui se décomposent sur cette surface la recouvrent bientôt d'une couche continue de gaz dont la conductibilité moindre fait obstacle au passage du courant. De plus, il arrive que le sulfate de zinc, devenu de plus en plus abondant, va déposer sous l'influence du courant une couche de zinc sur la lame de cuivre, de sorte que celle-ci ne diffère bientôt plus de l'électrode négative; alors l'activité de la pile finit par cesser tout à fait.

L'étude de ces causes d'affaiblissement et des moyens d'y porter remède est due à M. Becquerel, qui indiqua dès 1829 l'emploi de deux liquides différents séparés par un corps poreux et dont chacun

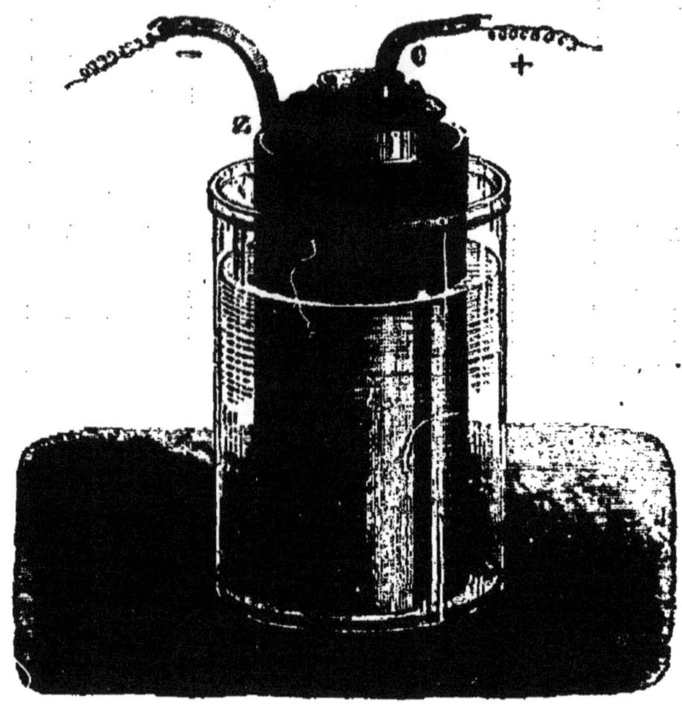

Fig. 111. — Couple de la pile de Daniell.

renfermait l'une des électrodes. C'est en partant de ce principe que furent inventées les premières piles à courant constant, que nous allons maintenant décrire.

Commençons par la pile de Daniell, ainsi nommée du nom du savant qui l'a imaginée en 1836.

Le couple électromoteur de la pile de Daniell est représenté dans la figure 111. Il est formé de deux vases, l'un extérieur, en verre ou en faïence, l'autre placé dans le premier, en terre poreuse. Entre les deux vases, on verse de l'eau acidulée (acide sulfurique), et dans le vase poreux une dissolution saturée de sulfate de cuivre. Dans le premier liquide, on plonge une large lame de zinc amalgamé, de forme cylindrique, et dans l'autre un cylindre de cuivre. Voici comment a lieu le dégagement des deux électricités sur le cuivre et le zinc :

L'eau est décomposée ; son oxygène attaque le zinc, et il se forme de l'oxyde de zinc qui se combine avec l'acide sulfurique du liquide du vase extérieur : le zinc prend une tension électrique *négative*. L'hydrogène de l'eau, traversant le vase poreux, attaque le sulfate de cuivre, dont l'oxyde se décompose ; du cuivre se précipite à l'état métallique sur le cylindre du même métal, qui prend une tension électrique *positive*. Chaque réaction engendre un courant, le premier du zinc à l'acide, le second du cuivre à la solution qui l'entoure. La force électromotrice du couple de Daniell est la résultante de ces deux forces opposées. Le courant final n'a pas une grande énergie, mais il reste sensiblement constant, si l'on a soin de déposer des cristaux de sulfate de cuivre à l'intérieur du vase poreux. Le zinc et le cuivre conservent leurs surfaces intactes, sans aucun dépôt de matières étrangères ; mais tandis que le zinc diminue d'épaisseur, le cuivre augmente au contraire.

Le *couple de Bunsen* (fig. 112) est disposé comme celui de Daniell. Seulement, le cylindre de cuivre est remplacé par un cylindre de charbon de cornue, et la solution de sulfate de cuivre par de l'acide azotique étendu. Le couple de Bunsen est préférable au couple de Daniell au point de vue de l'énergie du courant, mais il lui est inférieur au point de vue de la constance.

En réunissant plusieurs couples semblables par leurs pôles opposés, on forme des piles de Daniell ou de Bunsen, dont l'énergie est proportionnelle au nombre des éléments ainsi réunis. Le pôle négatif se trouve dans les deux piles sur le zinc du dernier élément, et le pôle positif sur le dernier cuivre dans la pile de Daniell, ou sur le dernier charbon dans la pile de Bunsen.

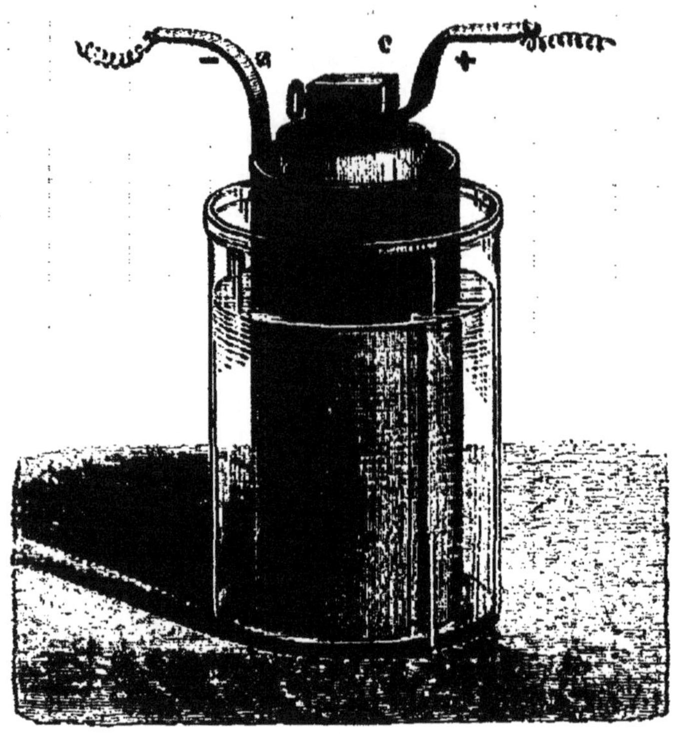

Fig. 112. — Couple de Bunsen.

La pile de Bunsen avait été précédée de celle de Grove, qui en différait en ce que, au lieu de charbon ou de cuivre, il y avait une lame de platine, métal très coûteux, et d'ailleurs finissant par s'altérer. Elle était plus puissante que la pile de Bunsen, mais celle-ci a l'avantage d'être beaucoup plus économique. Pour les applications exigeant une grande force, les piles de Bunsen sont très employées, mais elles offrent un grave inconvénient, celui de donner lieu à des dégagements de gaz dangereux pour la respiration (acides azotique et hypoazotique), de sorte qu'on ne peut guère les employer que là où l'air se renouvelle aisément. La pile de Daniell, moins puissante, n'a pas cet inconvénient ; elle a d'ailleurs une constance qui la rend précieuse, toutes les fois qu'on n'a pas besoin de courants d'une grande intensité. Aussi est-elle d'un grand usage dans la télégraphie électrique.

La pile au bichromate de potasse (fig. 113) est d'un

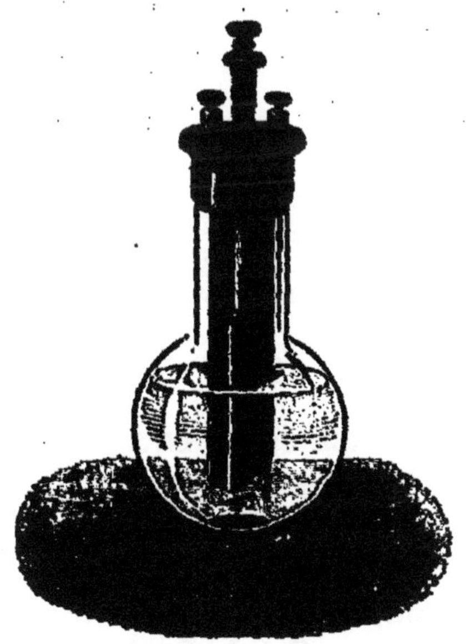

Fig. 113. — Pile au bichromate de potasse.

emploi commode pour les expériences de cours ou de laboratoire. C'est un élément à un seul liquide, ainsi disposé : Deux plaques de charbon de cornues à gaz reliées ensemble forment l'électrode positive ; elles plongent toutes deux dans une solution saturée de bichromate de potasse, additionnée d'acide sulfurique, et sont fixées au couvercle d'ébonite du flacon de la pile. L'électrode négative est une lame de zinc ayant une longueur moitié moindre que celle du charbon, et qu'on introduit, à l'aide d'une tige à coulisse, entre les deux plaques positives. Il se forme dans le liquide un sulfate double de chrome et de potasse, et l'oxygène dégagé s'unit à l'hydrogène pour former de l'eau, empêchant ainsi le dépôt d'hydrogène autour de l'électrode positive. Quand la pile ne fonctionne pas, on soulève la tige centrale et le zinc peut être ainsi retiré du liquide. Des deux bornes latérales, l'une est reliée aux plaques de charbon et forme le pôle positif, l'autre à la tige centrale et au zinc et forme le pôle négatif de la pile. L'emploi du bichromate de potasse est dû à Poggendorff.

Fig. 114. — Pile Marié-Davy.

Nous mentionnerons encore les piles Marié-Davy, Callaud, Leclanché, fort en usage dans la télégraphie électrique.

Un vase en verre de forme évasée (fig. 114) et divisé en deux compartiments forme un élément double de la pile Marié-Davy. Sur le fond, une plaque de charbon couverte d'une pâte de sulfate d'oxydule de mercure; au-dessus, une lame de zinc munie d'une poignée et reposant sur des appuis métalliques fixés aux parois. De l'eau acidulée baignait les lames; le charbon d'un des compartiments était relié par un fil au zinc du compartiment voisin, et le tout formait une pile qu'on réunissait à de pareils couples pour constituer la pile. Cette première disposition a du reste été modifiée et la forme de la pile Marié-Davy ramenée à celle de Daniell, avec vase poreux et liquides séparés. Elle offre une grande constance; mais elle a un inconvénient grave : le sulfate d'oxydule de mercure est un sel très vénéneux et d'un dangereux emploi.

La pile Callaud, dont les figures 115, 116, représentent deux types, est une pile de densité; nous allons en donner la description d'après l'auteur lui-même.

« L'objet que s'est proposé l'inventeur, dit-il, est la

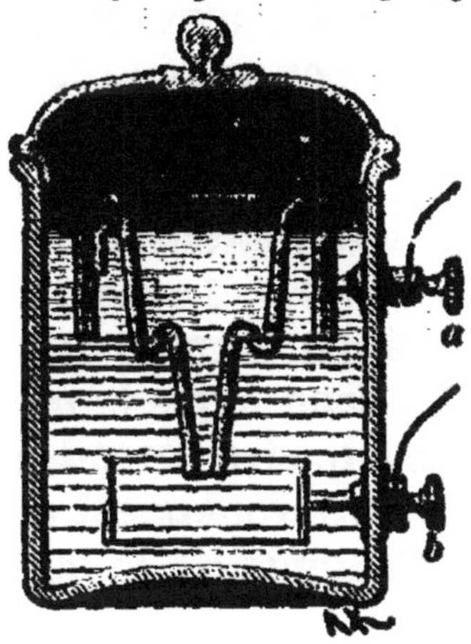

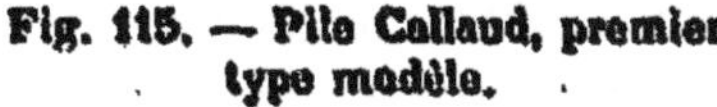
Fig. 115. — Pile Callaud, premier type modèle.

Fig. 116. — Pile Callaud, type de l'administration télégraphique.

suppression du vase poreux de la pile Daniell. L'application en a été faite avec les agents Daniell; la différence de densité des liquides est plus grande qu'avec les agents des autres piles.... Le modèle qui est le type de cette pile est représenté dans la figure 115. Le vase principal a la dimension des piles de télégraphie; il est percé en *a* et *b*; dans chacun de ces trous passe un soutien, sorte de boulon terminé par une tige taraudée, auquel est soudé le zinc en haut, le cuivre en bas; une rondelle de caoutchouc sert de joint; un écrou vissé à l'extérieur maintient le tout en place; un serre-fil, vissé et serré par-dessus l'écrou, sert à recevoir les conducteurs. Un godet de verre, supporté par le zinc, plonge son petit tube inférieur au niveau de la lame de cuivre. On verse dans la pile de l'eau pure ou chargée d'une petite quantité de sulfate de zinc, de sel ou d'acide sulfurique, et dans le godet une solution de sulfate de cuivre; cette solution, très dense, tombe au fond du vase et soulève, sans s'y mêler, le liquide supérieur, qui vient alors baigner le zinc. Le courant apparaît immédiatement. On jette dans le godet de verre des cristaux de sulfate de cuivre qui entretiendront la solution saturée à mesure que le fonctionnement de la pile tendra à l'appauvrir. »

Dans le type de la figure 116, le zinc est supporté par un rebord que forme intérieurement le vase en verre vers le milieu de sa hauteur. La lame de cuivre du fond est enroulée en spirale, comme dans la pile Callaud du type américain, dans laquelle le zinc a la forme d'une roue d'horloge à quatre barrettes, qu'une tige soutient à son centre. L'enroulement des lames en spirale a pour objet d'augmenter la surface des électrodes.

L'élément Leclanché est formé d'un vase extérieur en verre (*fig.* 117) renfermant une solution de chlorhydrate d'ammoniaque; un vase poreux est rempli d'un mélange à parties égales de fragments de peroxyde de manganèse et de charbon de cornue à gaz, concassés en grains grossiers : c'est ce mélange qui constitue l'agent dépolarisant de la pile. Au centre du vase poreux est une plaque de charbon surmontée d'une tête de plomb, qui forme l'électrode positive. Un bâton de zinc s'engage par le goulot du vase extérieur dans la solution de chlorhydrate d'ammoniaque, et forme l'électrode négative. En fermant le circuit du zinc au charbon, le zinc est attaqué par l'acide chlorhydrique; il se forme du chlorure de zinc, et l'hydrogène, en se portant à travers le vase poreux vers le charbon où il rencontre le peroxyde de manganèse, forme avec ce dernier du sesquioxyde de manganèse et de l'eau.

Dans le modèle de la figure 118, le vase poreux est supprimé; le mélange de peroxyde de manganèse et de charbon, ayant été soumis par M. Leclanché à une pression considérable, a constitué une masse solide homogène, à laquelle est accolée la plaque de charbon. Le bâton de zinc isolé par un morceau de bois de l'électrode conductrice est maintenu avec elle par

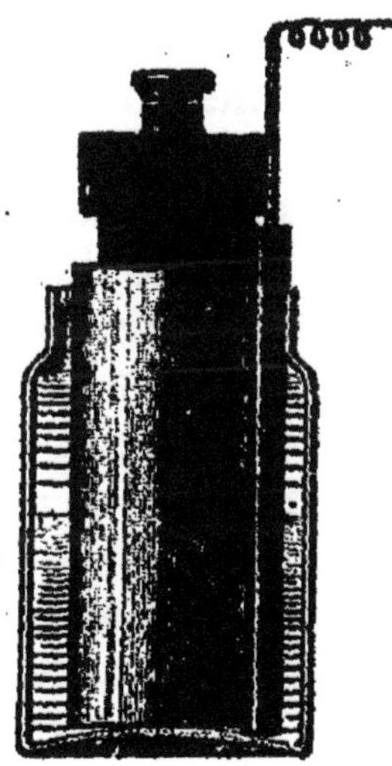

Fig. 117. — Pile Leclanché.

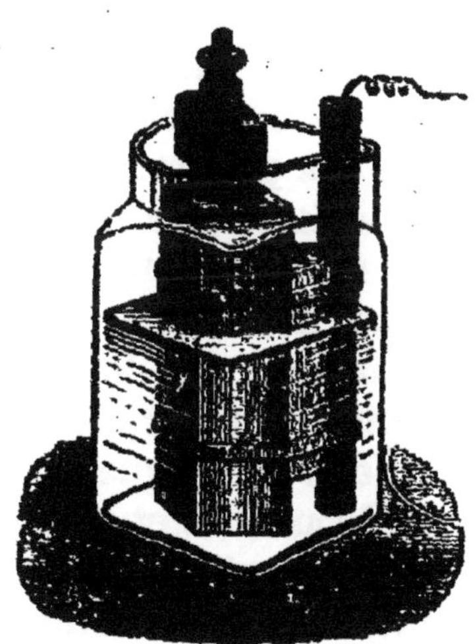

Fig. 118. — Pile Leclanché.

des bracelets de caoutchouc. Sous cette forme très simple, la pile Leclanché rend de grands services dans l'industrie télégraphique. Sa constance est telle, qu'elle peut fonctionner sans interruption pendant des mois, et la même pile peut servir pendant des années d'un usage continu.

IV

Théorie physico-chimique des piles.

Dans les phénomènes que nous avons jusqu'ici passés en revue, les sources d'électricité ou, si l'on veut, les divers modes de production de l'agent électrique peuvent être classés en quatre catégories : le *frottement*, l'*induction*, le *contact*, les *actions chimiques*. Nous n'avons rien à ajouter à ce que nous avons dit des deux premiers modes. L'électricité développée par le frottement apparaît comme une transformation de la force mécanique en force électrique. En quoi consiste cette dernière force? quel est le genre de mouvement qui anime les molécules du corps électrisé, ou les atmosphères d'éther dont on les suppose enveloppées? On ne sait; ou plutôt, on n'a pu émettre encore au sujet de ces délicates questions que des conjectures. Ce que l'on sait, ce que l'on connaît, ce sont les effets de l'électricité ainsi développée; nous avons vu qu'ils se manifestent sous des formes variées : attractions et répulsions, chaleur, lumière, combinaisons et décompositions chimiques, c'est-à-dire encore mouvements moléculaires et atomiques. Ce que l'on sait, ce qu'on doit admettre comme une conséquence certaine d'un principe de mécanique aujourd'hui universellement démontré, du principe de la conservation de la force, c'est qu'il y a équivalence entre le travail dépensé pour produire l'électricité et celui que l'on pourrait recueillir ou calculer en évaluant et en totalisant chacun des effets mécaniques, chimiques et physiques dont nous venons de donner l'énumération.

L'électricité développée au contact des corps hétérogènes, dont Volta s'est efforcé de démontrer l'existence, paraît aujourd'hui parfaitement démontrée. On a cherché à l'expliquer soit par des actions mécaniques, telles que la pression des métaux l'un contre l'autre, soit par des actions chimiques provoquées par l'humidité de la main ou celle des rondelles de la pile, soit à l'action des couches d'air ambiantes. Il est certain que, dans les expériences de Volta, ces diverses causes ont dû concourir à produire l'électricité dont son condensateur indiquait la présence; mais des recherches plus approfondies ont décidément donné raison à l'illustre inventeur de la pile, et le simple contact de métaux hétérogènes est considéré comme une des sources de l'électricité [1].

Quant à l'électricité qui naît sous l'influence des actions chimiques, elle est démontrée par le fonctionnement des piles nombreuses, dont nous avons décrit les plus importantes. L'expérience suivante suffit du reste à en établir le principe :

Plongeons une lame de cuivre dans un verre qui contient de l'acide azotique étendu d'eau (fig. 119). Faisons communiquer la lame avec le plateau inférieur d'un électromètre condensateur, tandis que le liquide, ainsi que le plateau supérieur, communiquent avec le sol. Dès qu'on sépare les deux plateaux, les feuilles d'or divergent, et l'on trouve que l'appareil est chargé d'électricité négative. Vient-on à changer l'ordre des communications, à joindre l'acide par un fil métallique au plateau inférieur du conden-

1. « L'incrédulité de la plupart des physiciens qui refusent de l'admettre, dit M. Mascart, provient surtout de ce qu'on croit pouvoir en déduire quelque conséquence analogue à celle du mouvement perpétuel; mais nous avons vu que la loi de Volta n'exprime pas autre chose que l'impossibilité de produire de l'électricité sans travail. Lorsque deux plateaux hétérogènes sont mis en contact, par exemple, ils s'attirent sans doute par ce seul fait qu'ils sont électrisés en sens contraire ou portés à des potentiels différents; mais, pour utiliser cette électricité, il est nécessaire de séparer les plateaux et de vaincre précisément l'attraction qui s'exerce entre eux. Il en est de même pour une aiguille d'acier que l'on met en contact avec un aimant : cette aiguille s'aimante elle-même, et l'énergie magnétique qu'elle acquiert est représentée par le travail que l'on est obligé de dépenser pour la détacher de l'aimant. L'électricité de contact est aussi impuissante que les aimants à produire un travail quelconque sans une dépense mécanique équivalente. » (*Traité d'Électricité statique*, t. II, p. 351.)

sateur, tandis que l'autre plateau et la lame communiquent avec le sol, l'appareil sera chargé d'électricité positive. Si à la place du cuivre on mettait un métal que n'attaque point l'acide azotique, du platine par exemple, il n'y aurait pas d'électricité dégagée.

On obtient des résultats semblables, c'est-à-dire un dégagement plus ou moins énergique d'électri-

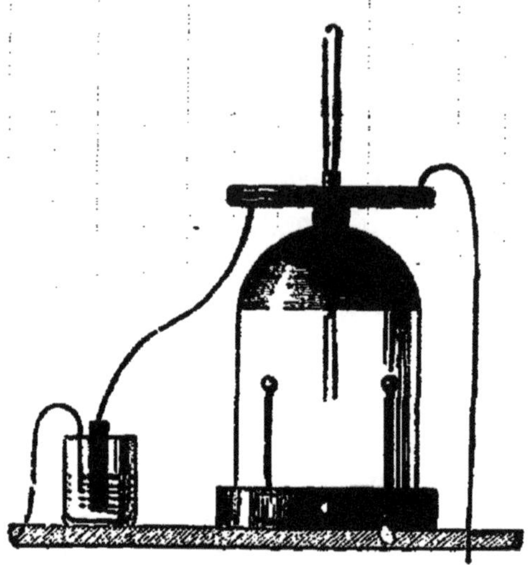

Fig. 119. — Électricité développée par les actions chimiques.

cité, en provoquant entre deux corps une action chimique quelconque. Deux solutions, l'une alcaline, l'autre acide, ou bien deux sels, l'un acide et l'autre neutre ou alcalin, mis en contact, donnent lieu à une production d'électricité, laquelle est positive sur le corps jouant le rôle d'acide, et négative sur celui qui joue le rôle de base.

Le moment est venu d'essayer de faire comprendre en quoi diffèrent l'électricité que l'on recueille des piles et celle qui provient des diverses machines électriques fonctionnant à l'aide du frottement ou de l'induction. Tout le monde sait qu'on distingue ces deux sortes d'électricité par deux dénominations différentes : on nomme *électricité statique* celle qu'on développe à la surface des conducteurs des machines électriques, ou sur les isolants comme le gâteau de résine d'un électrophore, ou encore que l'on condense dans les armatures d'une bouteille de Leyde. On appelle *électricité dynamique* celle qui s'écoule le long des fils ou des *rhéophores* d'une pile, lorsque ces fils mis au contact réunissent les pôles négatif et positif de l'appareil. La première électricité est considérée comme en repos à la surface des conducteurs ; la seconde est en mouvement continu.

Quand on fait fonctionner une machine électrique, une machine à plateau par exemple, l'électricité qui se développe sur le verre est transmise par influence au conducteur, dont la charge atteint bientôt une limite. Au delà de cette charge maximum, qui dépend d'ailleurs des dimensions du conducteur, l'électricité que produirait la machine si l'on continuait à tourner la manivelle, se perdrait par l'air et par les supports. Si le conducteur, au lieu d'être isolé, était mis en communication avec le sol, l'électricité produite s'écoulerait au fur et à mésure de sa production, et l'on pourrait assimiler cet écoulement à un courant, comme l'est celui de la pile; mais, en réalité, l'électricité recueillie sur un corps à l'aide des machines ordinaires reste en demeure à la surface de ce corps, et c'est pour cette raison que les phénomènes qui proviennent de ces sources sont dits des phénomènes d'*électricité statique*.

Dans la pile, au contraire, le courant électrique est continu tant que dure l'action chimique à laquelle la production de l'électricité est due. On peut du reste concevoir de deux manières différentes la liaison entre cette action chimique et la production de l'électricité; mais, dans l'une ou l'autre explication, la raison de la dénomination d'*électricité dynamique* ou *en mouvement* est évidente. Voici en quels termes Gordon résume ces deux explications dans son *Traité d'Électricité* : « Si deux métaux sont placés l'un près de l'autre, mais sans qu'il y ait contact entre eux, dans un liquide qui exerce une action chimique plus énergique sur l'un que sur l'autre, les métaux se chargent de façon que celui qui est le moins attaqué se trouve à un potentiel plus élevé que celui qui est le moins attaqué. La différence de potentiel produite ne dépend que de la nature des métaux et du liquide, et non des dimensions ou de la position des plaques métalliques. Aussitôt que la différence de potentiel a atteint sa valeur constante, l'action chimique cesse.

« Mais si les métaux sont reliés par un fil métallique extérieur au liquide, la différence de potentiel commence à diminuer, et un courant électrique traverse le fil. Aussitôt que la différence de potentiel descend au-dessous du maximum correspondant aux deux métaux et au liquide, l'action chimique recommence et rétablit le maximum ; ainsi, si aucune cause perturbatrice n'intervient, le courant continue jusqu'à ce que le métal le plus attaqué soit entièrement dissous.

« Cette manière de voir explique très bien les faits. Il n'est cependant pas encore certain que ce soit la véritable explication, et on donne aussi la suivante. Au contact de deux métaux, soit directement, soit par l'intermédiaire d'un fil métallique, on observe une différence de potentiel. Si les deux métaux, toujours réunis, sont plongés dans un liquide qui agit sur l'un plus que sur l'autre, l'action chimique égalise les potentiels et, en agissant ainsi, détermine un flux d'électricité le long du fil de communication. Dès l'instant où l'égalisation des potentiels a commencé, la différence se rétablit au point de contact des métaux, et, de la sorte, si aucune cause perturbatrice n'intervient, un courant continu d'électricité s'établit jusqu'à ce que le métal le plus attaqué soit entièrement dissous. »

Dans l'une comme dans l'autre théorie, l'existence du courant provient d'une différence de charge électrique entre les deux corps qui constituent les électrodes de la pile; seulement, dans la première, c'est l'action chimique qui est la cause de cette différence; dans la seconde, c'est le contact. Mais dans les deux cas la force électromotrice du courant engendré correspond au travail de l'action chimique et est mesurée par la quantité de métal consommée.

CHAPITRE VIII

ÉLECTROCHIMIE

I

Phénomènes électrochimiques. — Électrolyse.

Quand le courant de la pile traverse un composé chimique, à l'état liquide ou en dissolution, il le décompose généralement en deux éléments constituants, dont l'un apparaît du côté du pôle positif et l'autre du côté du pôle négatif, c'est-à-dire aux deux points où le courant pénètre dans le liquide et en sort. Les effets chimiques de l'électricité voltaïque ont pris une telle importance, que leur étude forme toute une branche de la science, à laquelle on donne le nom d'ÉLECTROCHIMIE.

Le premier phénomène de décomposition connu est celui de l'eau, que Carlisle et Nicholson ont découvert en 1800. Ayant fait passer le courant d'une pile à colonne, formée de disques d'argent et de zinc, à travers de l'eau, ils virent vers l'extrémité du fil de cuivre qui partait du pôle négatif de la pile, se dégager des bulles gazeuses, qu'ils reconnurent pour de l'hydrogène; l'autre fil s'oxydait rapidement. En substituant au cuivre du platine, que n'attaque pas l'oxygène, des bulles de ce dernier gaz apparaissent également au pôle positif.

On emploie aujourd'hui pour effectuer cette décomposition un appareil auquel Faraday a donné le nom de *voltamètre*, et l'opération est disposée comme le montre la figure 120. Dans le fond d'un vase de forme

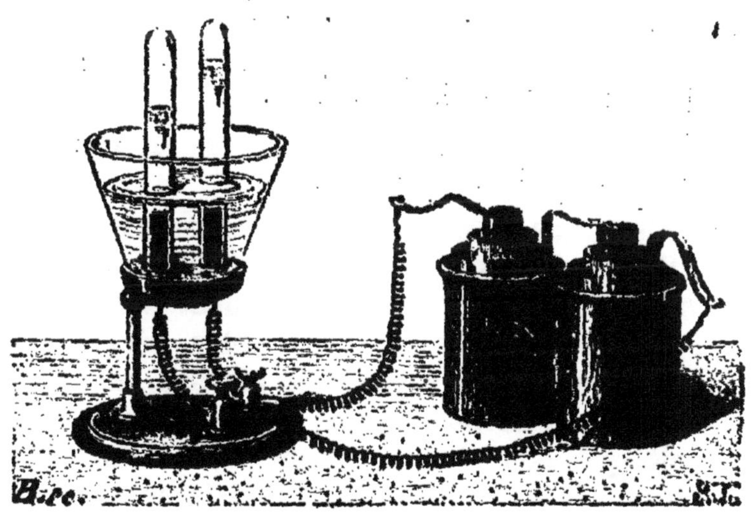

Fig. 120. — Décomposition de l'eau par la pile.

conique, on a percé deux petits trous par lesquels passent deux fils de platine; pour boucher les interstices, on a soin de couler un peu de mastic au fond du vase. On réunit les deux fils de platine aux rhéophores d'une pile.

Le vase est alors rempli d'eau, dans laquelle on a soin de verser quelques gouttes d'acide sulfurique, pour rendre le liquide meilleur conducteur. Deux cloches graduées pleines d'eau sont renversées dans le vase de façon à recouvrir les lames de platine. Aussitôt que le courant passe, on voit des bulles de gaz se dégager autour des lames et monter à la partie supérieure de chaque cloche. L'un de ces gaz est l'hydrogène, l'autre l'oxygène [1], et le volume du premier est toujours double du volume du second. De plus, c'est toujours autour de la lame qui est rattachée au rhéophore du pôle positif qu'a lieu le dégagement de l'oxygène, tandis que l'hydrogène se dégage au pôle négatif.

On nomme *électrolyse* l'opération par laquelle on résout, à l'aide de la pile, un composé chimique en ses corps constituants, et le corps qu'on soumet à l'électrolyse se nomme lui-même un *électrolyte*. Les *électrodes* sont les portions des fils des rhéophores où s'opère la décomposition [2].

Quelques années après l'expérience de la décomposition de l'eau par le courant voltaïque, cette nouvelle méthode d'analyse a fourni à l'illustre Davy l'occasion de plusieurs brillantes découvertes. On avait jusqu'alors regardé la potasse, la soude, etc., comme des corps simples, et Lavoisier, qui soupçonnait que ces alcalis étaient composés, n'avait pu réussir à le prouver. Le chimiste anglais parvint à opérer cette décomposition mémorable et découvrit, dans la même année 1807, les cinq métaux suivants : le potassium, le sodium, le baryum, le strontium et le calcium. Voici en quels termes il décrit l'expé-

1. On sait qu'il est facile de distinguer ces deux gaz : une allumette qu'on vient d'éteindre se rallume presque aussitôt dans l'éprouvette d'oxygène; si on la présente allumée à l'ouverture de l'éprouvette d'hydrogène où l'on a laissé pénétrer un peu d'air, il se fait aussitôt une petite explosion qui est caractéristique de la présence de l'hydrogène.

2. Faraday, à qui l'on doit ces expressions, a aussi nommé *cathode*, celle des électrodes qui est reliée au pôle négatif de la pile, et *anode*, l'électrode positive. Les produits de la décomposition électrolytique s'appellent des *ions* : *cations* désigne ceux qui vont sur la *cathode* et *anions* ceux qui se rendent à l'anode. L'eau est un *électrolyte*, puisque ses deux *ions*, l'hydrogène et l'oxygène, sont mis en liberté par la pile; l'hydrogène est le *cathion* et l'oxygène l'*anion*.

rience qui le conduisit à la découverte du premier de ces métaux :

« Je plaçai, dit-il, un petit fragment de potasse sur un disque isolant de platine communiquant avec le côté négatif d'une pile électrique de 250 éléments (cuivre et zinc) en pleine activité. Un fil de platine communiquant avec le côté positif fut mis en contact avec la face supérieure de la potasse. Tout l'appareil fonctionnait à l'air libre. Dans ces circonstances, une action très vive se manifesta; la potasse se mit à fondre à ses deux points d'électrisation. Il y eut à la face supérieure (positive) une vive effervescence, déterminée par le dégagement d'un fluide élastique; à la face inférieure (négative) il ne se dégageait aucun fluide élastique, mais il y apparut de *petits globules d'un vif éclat métallique tout à fait semblables aux globules de mercure*. Quelques-uns de ces globules, à mesure qu'ils se formaient, brûlaient avec explosion et une flamme brillante; d'autres perdaient peu à peu leur éclat et se couvraient finalement d'une couche blanche. Ces globules formaient la substance que je cherchais : c'était un principe combustible particulier, c'était la *base de la potasse*, le *potassium*. »

Voici comment on répète aujourd'hui la mémorable expérience de sir Humphry Davy : Sur une lame de platine reliée au pôle positif d'une pile (fig. 121) on pose un fragment de potasse dont la face supérieure, creusée en godet, reçoit un globule de mercure. Le circuit ainsi fermé, l'électrolyse commence : des bulles gazeuses d'oxygène se dégagent sur le platine, et du potassium se rend dans le mercure et s'y dissout, formant avec ce dernier métal un amalgame, qui soustrait le métal au contact de l'air. On chasse ensuite le mercure de l'amalgame par la chaleur dans un courant de gaz hydrogène sec, et l'on recueille le potassium à l'état de pureté.

L'électrolyse de la soude, de la baryte, de la chaux, se fait par le même procédé. La magnésie et l'alumine résistent à la décomposition électrolytique; mais si, au lieu d'employer ces bases, on soumet à la pile les chlorures de magnésium et d'aluminium, à l'état de fusion par la chaleur, on obtient de même ces deux métaux, qui se portent au pôle négatif.

Dans tous les composés binaires conducteurs qui ont été soumis à l'action électrolytique, c'est toujours

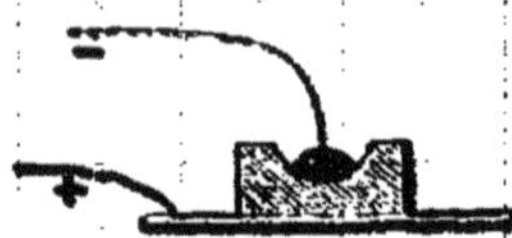

Fig. 121. — Décomposition des métaux alcalins par la pile.

le métal qui se porte à l'électrode négative, et le métalloïde à l'électrode positive. Les iodures, les bromures, les chlorures décomposés par la pile sont tous dans ce cas : c'est l'iode, le brome, le chlore qui se rendent au pôle positif, c'est-à-dire qu'ils jouent le rôle de l'élément *électronégatif*, tandis que le métal joue celui de l'élément *électropositif*.

L'électrolyse des sels donne lieu à des phénomènes plus complexes. S'il s'agit d'un sel métallique en dissolution dans l'eau, par exemple d'une solution de sulfate de cuivre, le métal se rend au pôle négatif; l'oxygène de l'oxyde et l'acide libre se rendent ensemble à l'électrode positive. C'est ce que l'on constate aisément à l'aide d'un tube en U où l'on a renfermé la solution, et dont chaque branche a été mise en communication, par un fil de platine, avec l'un des pôles d'une pile. On voit des bulles d'oxygène se dégager sur le fil positif et un dépôt rouge de cuivre recouvrir l'autre fil. Si l'on fait cette expérience en employant pour rhéophores des fils ou des lames de cuivre, l'oxygène dégagé forme avec le métal de l'électrode positive de l'oxyde de cuivre, lequel se combinant avec l'acide sulfurique mis en liberté forme à nouveau du sulfate de cuivre, de sorte que la dissolution reste toujours dans le même état de saturation [1].

L'électrolyse d'un sel alcalin ne diffère de celle des sels métalliques que par une réaction chimique secondaire, aisée à expliquer. Considérons un sel de soude, le sulfate, et plaçons sa dissolution dans le tube en U, après l'avoir colorée avec du sirop de violette. Dès que passe le courant, on voit la dissolution se colorer en rouge au pôle positif et en vert autour de l'électrode négative. Des bulles d'oxygène et d'hydrogène se dégagent aux deux pôles comme dans la décomposition de l'eau. C'est qu'en effet le métal se rend bien au pôle négatif, mais le sodium décompose l'eau, forme de la soude avec son oxygène et laisse l'hydrogène libre. Quant à l'acide, il se rend avec l'oxygène et l'oxyde au pôle positif.

Il y a dans l'électrolyse de l'eau ou de toute autre composé binaire un fait digne de remarque : c'est que la décomposition paraît se faire uniquement dans le voisinage des deux électrodes, ou à leur contact; c'est seulement en ces points, par exemple, qu'on voit se dégager des bulles gazeuses, soit d'oxygène, soit d'hydrogène. Il semblerait que dans le reste de la masse liquide le courant reste inactif.

1. Nous verrons cette propriété utilisée en *galvanoplastie*, où il est important de maintenir constante la composition des bains métalliques. On nomme *électrodes solubles* celles que l'on forme du métal qui entre lui-même dans la dissolution saline soumise à l'action électrolytique.

II

Lois de Faraday.

Le nom de *voltamètre* donné par Faraday à l'appareil qui sert à la décomposition de l'eau ou des autres composés binaires, indique nettement qu'il existe, entre les phénomènes d'électrolyse et le courant de pile qui leur donne naissance, un rapport constant qui peut servir de mesure à ce dernier. L'illustre physicien anglais a, en effet, découvert les lois qui régissent ces phénomènes, et justifié, comme on va le voir, la dénomination que nous venons de rappeler. Ces lois sont au nombre de trois. Nous nous bornerons, en les énonçant, à dire sommairement comment on les vérifie par l'expérience.

La première loi est relative à l'égalité de l'action chimique dans toutes les parties du circuit. Pour la vérifier, on n'a qu'à intercaler dans le circuit un certain nombre de voltamètres, et à recueillir, en les mesurant séparément, les gaz qui se dégagent dans chacun d'eux. On en fait autant pour le gaz qui provient de la réaction chimique effectuée au sein de chaque élément de la pile. On trouve ainsi que, pour un même temps donné, les quantités d'hydrogène provenant de chaque voltamètre intercalé dans le circuit sont égales, et qu'il en est de même de l'hydrogène recueilli dans chaque élément de pile. Le résultat serait encore le même si, dans les divers voltamètres, l'eau était rendue conductrice par des proportions différentes, sels, acides, alcalis. Enfin, la loi énoncée reste vraie, quel que soit l'électrolyte soumis à l'action du courant; dans chaque voltamètre ou dans chaque élément de pile, on trouve que la même quantité de matière est déposée ou dégagée à chaque pôle. La première loi découverte par Faraday peut donc se formuler ainsi :

L'action électrolytique d'un courant est la même dans toutes les parties du circuit.

Supposons maintenant qu'un courant d'intensité donnée, après avoir traversé un premier voltamètre, se bifurque et traverse, après avoir été ainsi dédoublé, deux voltamètres identiques au premier. Voici ce que l'expérience constate dans ce cas : si les deux voltamètres qui reçoivent le courant bifurqué, présentent la même résistance au passage du courant et par conséquent reçoivent la même quantité d'électricité, on trouvera dans chacun d'eux moitié de la quantité de gaz dégagée dans le premier voltamètre ; s'ils offrent une résistance inégale, les gaz recueillis ne seront plus en égale quantité, mais leur somme sera toujours égale à celle du gaz dégagé dans le voltamètre traversé par le courant avant sa bifurcation. Ainsi la quantité de gaz décomposée est proportionnelle à la quantité d'électricité que fournit le courant. En mesurant, à l'aide d'instruments que nous décrirons plus loin, les intensités de courants différents, ou l'intensité variable d'un même courant, Faraday a reconnu que les quantités de gaz dégagées pendant un même temps sont proportionnelles aux intensités des courants.

La seconde loi des phénomènes d'électrolyse peut donc se formuler en ces termes :

La quantité de gaz dégagée par minute est une mesure absolue de l'intensité moyenne du courant pendant cette minute ; et la quantité totale de gaz est la mesure de l'intensité totale du courant.

La troisième loi découverte par Faraday détermine la proportion des quantités électrolysées par un même courant, quand on soumet à son action des substances chimiquement différentes. Supposons, par exemple, qu'on fasse traverser au courant d'une pile une série de vases contenant les électrolytes suivants : eau, iodure de plomb fondu, chlorure d'étain fondu, chlorure d'argent; on constate alors que, pour chaque 32,5 milligrammes de zinc dissous dans un quelconque des éléments de la pile, il y a production de

1 milligramme		d'hydrogène,
8	—	d'oxygène,
103,5	—	de plomb,
127	—	d'iode.
59	—	d'étain,
35,5	—	de chlore,
108	—	d'argent.

Or les nombres 32,5, 1, 8, 103,5, 127, 59, 35,5 ne sont autre chose que les équivalents chimiques des éléments. D'où cette loi, dont l'importance n'a pas besoin d'être signalée :

Quand un même courant agit chimiquement sur plusieurs électrolytes, les poids des éléments séparés par l'électrolyse sont proportionnels aux équivalents chimiques de ces éléments.

En résumé, les quantités d'électricité qui sont en mouvement dans le courant d'une pile, ont un rapport constant avec les quantités d'action chimique. Comme l'a dit Tyndall en mentionnant ces belles découvertes de son illustre compatriote : « Les décompositions du courant voltaïque sont aussi définies dans leur nature que les combinaisons qui ont donné naissance à la théorie atomique. Cette loi des décompositions électrochimiques se place, par son importance, au même rang que la loi des proportions définies dans la chimie. »

III

Courants et piles thermo-électriques.

Quand on fait varier entre 10° et 150° la température d'une tourmaline, elle devient électrique; les deux moitiés du cristal prennent les deux électricités contraires et l'on trouve au milieu un espace neutre. Mais il est à remarquer que cet état ne persiste qu'autant que la température varie; dès qu'elle est devenue stationnaire, les signes d'électrisation disparaissent. Cette propriété, qui est depuis longtemps connue, n'est pas d'ailleurs particulière à la tourmaline seule; elle se rencontre dans un certain nombre d'autres substances cristallines, comme la topaze, le silicate de zinc, le spath pesant, le cristal de roche, le sucre, et c'est pour cette raison que Brewster a donné à ces substances le nom de *pyro-électriques*. Un de nos savants électriciens contemporains, Gaugain, ayant réuni par leurs pôles de même nom une série de tourmalines ainsi électrisées, reconnut que l'effet produit était considérablement augmenté; mais, en les disposant bout à bout et par leurs pôles opposés, il trouva que l'espèce de pile ainsi formée ne donnait pas plus d'électricité que chacun des éléments.

Ces expériences prouvent en tout cas que la chaleur est une source d'électricité, de même que le frottement, les actions chimiques, etc. Nous allons voir qu'elle peut servir à la production de courants électriques et à la construction de véritables piles. L'origine de la découverte des courants de ce genre, qu'on nomme pour cette raison *courants thermo-électriques*, remonte à une soixantaine d'années. Un physicien de Berlin, Seebeck, fit, en 1821, l'expérience suivante : Il courba une lame de cuivre de manière à en faire les trois côtés d'un rectangle, dont le quatrième côté était un cylindre de bismuth soudé au cuivre. Chauffant alors l'une des soudures à l'aide d'une lampe à alcool, Seebeck reconnut que cette opération déterminait la production d'un courant électrique allant, comme l'indique la flèche de la figure 122,

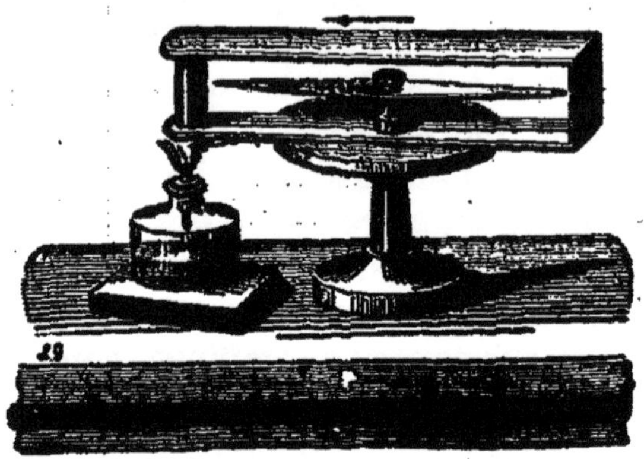

Fig. 122. — Expérience de Seebeck.

de la soudure chaude à la soudure froide, par la lame de cuivre. En refroidissant la même soudure, on obtient également un courant, mais il est de sens inverse, et dans les deux cas son intensité dépend de la différence de température des soudures des deux métaux. Le physicien berlinois avait mis à profit, pour reconnaître l'existence des courants ainsi engendrés, la découverte alors récente, faite par Œrsted, de l'influence des courants électriques sur l'aiguille aimantée. On voit entre les deux côtés parallèles du rectangle de cuivre une pareille aiguille montée sur un pivot. Pour faire l'expérience, il suffit de disposer les lames métalliques à peu près dans le plan du méridien magnétique. Dès que la différence de température des soudures se produit, la naissance du courant est rendue manifeste par une déviation notable de l'aiguille aimantée.

Les courants thermo-électriques ont été, depuis 1821, l'objet de travaux d'une grande importance. On a reconnu tout d'abord qu'on pouvait les produire avec des métaux différents quelconques, mais que leur sens et leur intensité dépendent de la nature des métaux soudés. Par exemple, le courant qui, dans l'expérience de Seebeck, va de la soudure chaude à la soudure froide par le cuivre, irait en sens contraire si l'on substituait l'antimoine au bismuth. Voici, d'après les expériences de Becquerel, une série de métaux rangés dans un ordre tel, que le courant, traversant la soudure chauffée, va du métal qui suit à celui qui le précède dans la série et avec lequel il est associé :

Antimoine, fer, zinc, argent, or, cuivre, étain, plomb, platine et bismuth.

Ce sont l'antimoine et le bismuth qui donnent les courants thermo-électriques les plus intenses; d'après Becquerel, quand l'une des soudures reste à 0°, et que la température de l'autre est comprise entre 40° et 50°, l'intensité du courant est proportionnelle à la température; au delà de 50°, elle croît de moins en moins, pour devenir insensible à un point qui dépend du couple des métaux associés : vers 300° pour un couple cuivre-fer, vers 225° pour un couple zinc-argent, un peu au-dessus de 150° pour un couple or-zinc, etc.

Les courants thermo-électriques s'obtiennent aussi quand le circuit, au lieu d'être formé de deux métaux différents, ne comprend qu'un seul métal. Seebeck avait déjà constaté le fait pour les métaux à structure cristalline, tels que l'antimoine, le bismuth. Mais Becquerel a également obtenu des courants à l'aide de métaux homogènes : seulement, il est nécessaire que, de part et d'autre du point échauffé, la propagation de la chaleur dans le métal ne se fasse point de la même manière, par suite d'une différence dans la structure du métal. Ainsi, quand on prend un fil de platine, dans lequel on a fait un nœud, ou dont une portion a été enroulée en hélice (fig. 123), un courant naît dès qu'on chauffe un point du fil voisin de l'hélice ou du nœud. Le même phénomène a été constaté par Sturgeon, Magnus, dans un fil continu, dans une barre d'acier par exemple, dont une partie est écrouie, tandis que l'autre est recuite.

Fig. 123. — Courant thermo-électrique dans un fil de métal homogène.

Quelle est la cause de cette production d'électricité? Comment la chaleur agit-elle pour décomposer l'électricité neutre du corps, pour établir entre les deux parties des circuits des différences de potentiel qui déterminent la production des courants constatés? D'après Becquerel, la propagation de la chaleur dans un conducteur quelconque serait accompagnée constamment d'un mouvement d'électricité. Quand le circuit est homogène de part et d'autre du point chauffé, les courants obtenus sont de sens contraires et de même intensité et s'entre-détruisent; s'il y a une différence de structure, l'un des courants l'emporte sur l'autre, et l'on constate cette prédominance par l'action sur l'aiguille du galvanomètre.

D'après M. Le Roux, les phénomènes thermo-électriques ont pour cause la force électromotrice qui se développe au contact de deux substances hétérogènes : cette force augmente avec la température; d'autres forces électromotrices, ayant leur siège dans la masse de chaque substance, quand la température n'y est pas uniforme, viennent concourir aux effets thermo-électriques.

On a tiré parti des phénomènes que nous venons de décrire pour construire des piles spéciales, auxquelles on a donné le nom de *piles thermo-électriques*. Décrivons quelques-uns de ces appareils, qui ne sont guère usités que pour l'étude des effets de la chaleur rayonnante, ou des différences de température dans des circonstances particulières.

La pile thermo-électrique de Nobili est formée de la façon suivante. Une série de barreaux d'antimoine

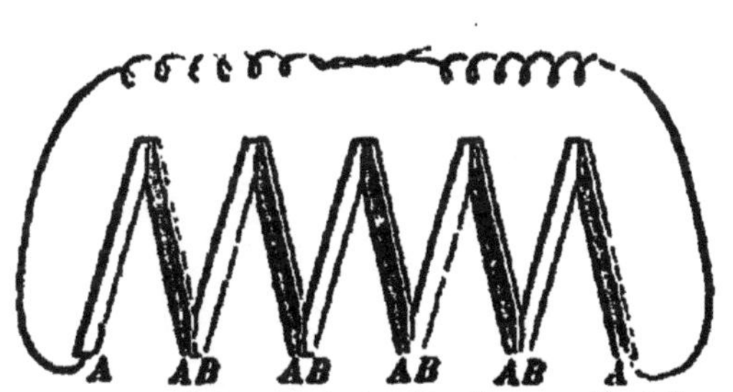

Fig. 124. — Élément de la pile thermo-électrique de Nobili.

Fig. 125. — Disposition des barreaux dans le thermo-multiplicateur.

A, A, A,..., soudés bout à bout avec des barreaux de bismuth B, B, B,..., de même longueur, est repliée de telle sorte (fig. 124) que toutes les soudures paires sont d'un même côté et les soudures impaires de l'autre. En reliant ces deux séries par deux fils qui partent des barreaux extrêmes, on a un circuit dans lequel un courant électrique naîtra aussitôt qu'il y aura une différence de température entre les soudures opposées. On réunit un certain nombre d'éléments semblables en un paquet, auquel on donne la forme d'un prisme rectangle (fig. 125), dont deux faces opposées se trouvent contenir, l'une toutes les soudures paires, l'autre toutes les soudures impaires des barreaux. Deux bornes fixées à deux faces latérales du prisme, communiquant l'une au premier barreau de bismuth, l'autre au dernier barreau d'antimoine, portent les rhéophores de la pile.

Quand on veut utiliser la pile de Nobili pour les recherches de radiation calorifique, on relie les deux pôles avec un galvanomètre (fig. 126); on protège les

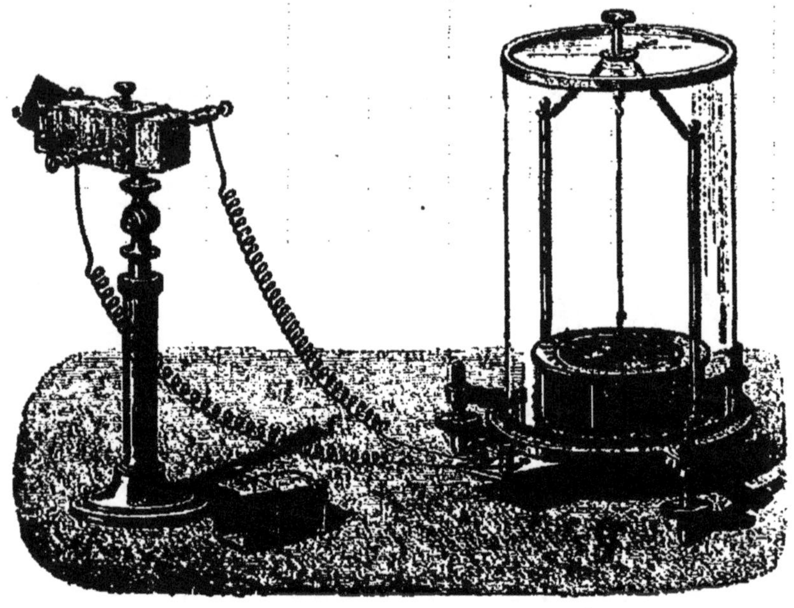

Fig. 126. — Pile thermo-électrique, ou thermo-multiplicateur de Nobili.

faces de la pile contre les variations irrégulières de température par des enveloppes en laiton de forme prismatique munies d'opercules qu'on ferme ou qu'on ouvre à volonté. Dès qu'une source de radiation vient à agir sur l'une des faces de la pile, un courant est engendré, et l'on observe une déviation dans l'aiguille du galvanomètre. Le sens de la déviation dépend de la face qui est échauffée, et sa grandeur mesure l'intensité du courant, qui lui-même, nous l'avons vu, peut servir à déterminer la différence de température des faces de l'appareil. La pile thermo-électrique ainsi constituée est un instrument d'une grande sensibilité : il suffit de toucher du doigt l'une de ses faces, ou d'y envoyer par insufflation une bouffée d'air chaud, pour que l'aiguille aimantée éprouve une forte déviation.

L'intensité du courant, toutes choses égales d'ailleurs, est en raison du nombre des soudures, c'est-à-dire des éléments de la pile; c'est pour cette raison qu'on donne à l'appareil de Nobili le nom de *thermo-multiplicateur*.

On doit à Peltier un instrument fort simple (fig. 127)

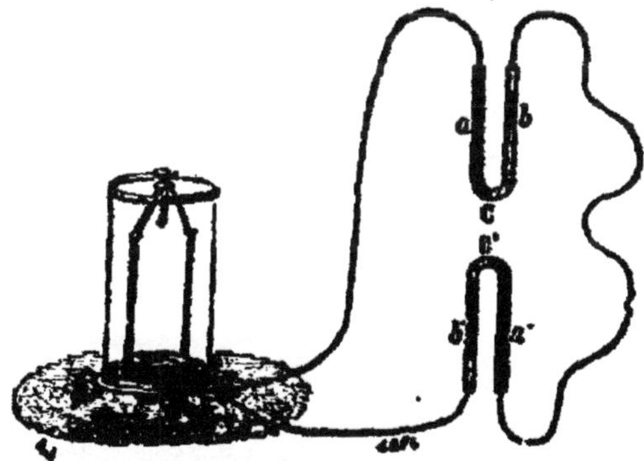

Fig. 127. — Pince thermo-électrique de Peltier.

destiné à saisir de faibles variations de température subies par un corps, par une tige ou une lame métallique par exemple. Deux couples *ab*, *a'b'*, d'antimoine et de bismuth, ont leurs soudures tournées l'une vers l'autre en CC'. Ces deux couples sont reliés ensemble d'un côté par un fil; de l'autre, ils communiquent avec un galvanomètre. Si l'on place le corps à explorer entre les deux soudures, toute variation de température, échauffement ou refroidissement, donnera lieu à la production d'un courant dont le sens et l'intensité seront accusés par la déviation de l'aiguille aimantée.

Pour mesurer la température des régions internes des corps vivants, on emploie des sortes de sondes thermo-électriques, formées de fines aiguilles en acier et cuivre soudés bout à bout.

Les figures 128 et 129 représentent, la première un

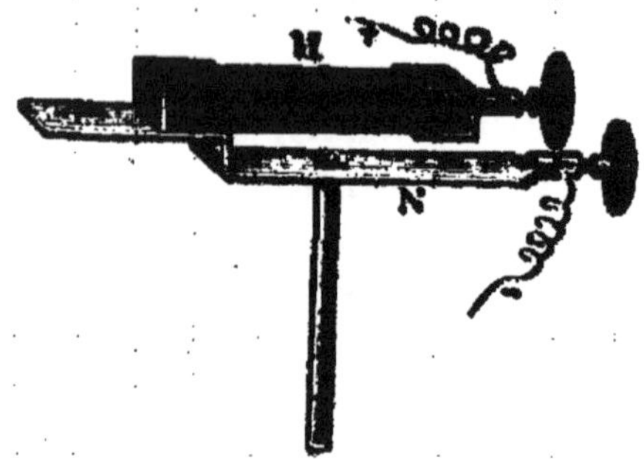

Fig. 128. — Coupe thermo-électrique de maillechort et de sulfure de cuivre.

couple thermo-électrique, et la seconde une pile formée d'éléments semblables associés, dont l'invention

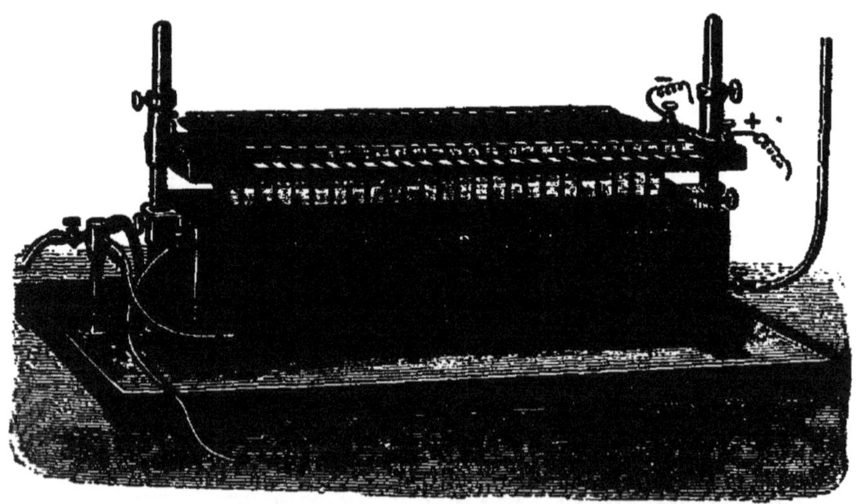

Fig. 129. — Pile thermo-électrique de M. Edmond Becquerel.

est due à M. Edmond Becquerel et qui est remarquable par son énergie. M est un barreau de sulfure de fer artificiel soudé à une lame de maillechort N. Les éléments sont réunis dans une monture rectangulaire et l'on se sert de gaz pour élever la température des soudures. Une pile de 30 ou 40 éléments ainsi formée a une force électrolytique assez grande pour décomposer l'eau. On peut s'en servir pour la télégraphie.

IV

Courants et piles secondaires.

Nous avons vu qu'une des causes de l'affaiblissement du courant dans les premières piles était l'existence de courants secondaires, résultant de la présence sur les lames métalliques des éléments de dépôts acides, alcalins ou gazeux. Becquerel montra comment on pouvait neutraliser ces courants, en ajoutant à la pile un second liquide séparé du premier par une cloison poreuse, ce liquide étant choisi de manière à absorber le gaz ou l'élément déposé sur la lame électronégative. De là les piles à courant constant décrites dans un paragraphe de ce chapitre.

Les courants secondaires avaient été découverts par Ritter en 1803. Ayant soumis à l'action d'une pile à colonne une autre pile formée uniquement de disques de cuivre séparés par des rondelles humides, il remarqua que cette seconde pile, bien qu'inactive par elle-même, donnait à son tour un courant électrique, du sens inverse du courant de la première. Ce courant, il est vrai, était faible et de courte durée. En 1826, M. de la Rive reconnut également l'existence d'un courant secondaire inverse dans les lames de platine autour desquelles s'étaient dégagés l'oxygène et l'hydrogène dans l'expérience de la décomposition de l'eau par la pile. Le phénomène prit le nom de *polarisation des électrodes*, et le courant lui-même celui de *courant de polarisation.*

Les courants secondaires furent depuis l'objet d'un grand nombre de travaux, dus à des physiciens parmi lesquels nous citerons Faraday, Wheatstone, Poggendorff, E. Becquerel, Gaugain. Mais c'est surtout depuis l'année 1859, où notre savant compatriote G. Planté étudia l'influence de divers métaux et de divers liquides sur la production des courants secondaires et sur leur intensité, que la question prit une importance justifiée par les belles applications scientifiques ou pratiques qui ont été la conséquence des recherches de ce physicien. Il expérimenta sur des voltamètres à fils de cuivre, d'argent, d'étain, d'aluminium, de fer et de zinc, d'or, de platine, et varia, pour chacun d'eux, la nature du liquide où plongeaient les électrodes. Il reconnut ainsi « que, tous les métaux s'oxydant au pôle positif de la pile, le courant secondaire obtenu après l'interruption du courant primaire était d'autant plus intense que l'oxydation était plus complète, si toutefois l'oxyde formé restait adhérent et peu soluble dans le liquide acidulé du voltamètre. L'or et l'argent ne résistaient pas eux-mêmes à l'action de l'oxygène de la pile ; ils se couvraient de dépôts d'oxydes foncés et fournissaient un courant secondaire énergique.

« Le platine ne s'oxydait pas, il est vrai, d'une manière visible, mais aussi le courant secondaire inverse était de plus courte durée que celui des métaux se recouvrant d'une couche d'oxyde adhérente, et cet effet s'expliquait par la décomposition rapide de l'eau oxygénée produite autour de l'électrode positive du voltamètre. L'action de l'hydrogène était, d'un autre côté, plus forte avec le platine qu'avec tous les autres métaux, en ce sens que l'électrode autour de laquelle ce gaz s'était dégagé, fournissait, avec une autre électrode neutre, un courant secondaire plus intense. »

Le plus important résultat de ces recherches intéressantes, c'est celui qui assigna la plus grande intensité au courant secondaire produit par un voltamètre à électrodes de plomb. Mesurant la force électromotrice développée dans un pareil voltamètre, après la rupture du courant primaire, M. Planté trouva que « cette force était égale à une fois et demie environ (plus exactement 1,48 à 1,49) celle de l'élément voltaïque le plus énergique, comme celui de Grove ou de Bunsen ».

De là l'idée de construire des éléments secondaires et de les réunir en batterie, de manière à condenser ou accumuler le travail de la pile voltaïque, de la même manière que l'on condense l'électricité statique à l'aide de conducteurs à grande surface séparés par une matière isolante. M. Planté a donné aux appareils basés sur ce principe diverses formes. Nous allons décrire la dernière à laquelle l'ont conduit des perfectionnements successifs.

Deux longues et larges lames de plomb, séparées l'une de l'autre par deux paires de bandes de caoutchouc de 5 millimètres d'épaisseur, sont enroulées en spirale et terminées par deux lamelles destinées à recevoir les rhéophores. Ces spires sont maintenues par de petits croisillons en gutta-percha, puis introduites dans un vase cylindrique en verre rempli d'eau acidulée au 1/10 par l'acide sulfurique. Un couvercle en caoutchouc durci porte les pièces métalliques propres à la fermeture du circuit secondaire, après que le couple a été chargé. Les extrémités des deux lames de plomb du couple communiquent à l'aide de deux pinces G et H (fig. 130) avec les pôles d'une pile formée de deux éléments Bunsen de petite dimension, ainsi qu'avec deux lamelles de cuivre M et M'. L'une de celles-ci est en communication constante avec la pince A'; l'autre, à l'aide du bouton B, et d'une lamelle de cuivre R formant ressort, peut être mise à volonté en communication avec la pince A. Ce sont ces deux pinces qui reçoivent les fils F entre lesquels on veut faire passer le courant secondaire.

Un couple secondaire ainsi constitué n'est pas doué

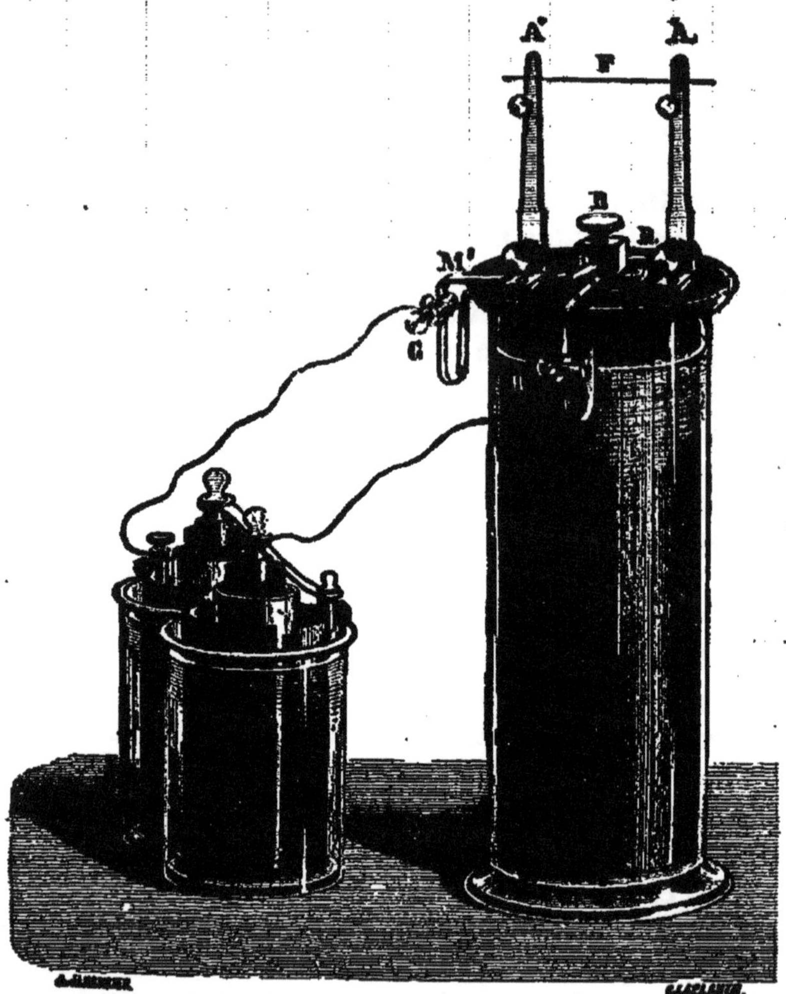

Fig. 130. — Élément ou couple secondaire d'une batterie Planté.

dès le début de toute son énergie. Il a besoin d'être *formé, préparé, vieilli*, selon l'expression de l'inventeur. « Quand un couple secondaire est neuf, dit M. Planté, quand il reçoit pour la première fois l'action de la pile primaire, il ne donne que des effets de courte durée. Mais si on le fait traverser plusieurs fois successivement dans un sens, puis dans l'autre, pendant un assez long espace de temps, pour produire le dépôt de peroxyde tantôt sur une lame, tantôt sur l'autre, avec des alternatives de repos de plusieurs jours, pour donner aux dépôts le temps de prendre de l'agrégation, les effets secondaires gagnent considérablement en durée et en intensité. Un couple convenablement formé [1] de la sorte peut donner des décharges d'une grande durée relative, « rougir par exemple un fil de platine d'un demi-millimètre de diamètre pendant vingt minutes et un fil de 2/10 de millimètre pendant plus d'une heure ». De plus, il conserve sa charge fort longtemps. Un couple secondaire bien formé, qui a reçu pendant quelques heures le courant de la pile primaire, et qu'on abandonne à lui-même, sans fermer le circuit, pendant huit et même quinze jours, peut donner encore un courant assez intense pour rougir pendant quelques instants un fil de platine d'un demi-millimètre de diamètre.

Les couples secondaires à électrodes de plomb qu'on vient de décrire, résolvent le problème qui consiste à *accumuler la quantité* d'électricité produite par une source voltaïque [1], mais ils ne peuvent donner une *tension supérieure* à celle de la source. Pour obtenir ce dernier résultat, M. Planté a construit des

1. Quand un couple secondaire est considéré comme suffisamment *formé*, les intervalles de repos de plusieurs mois, loin d'être utiles, comme pour l'opération même de la *formation*, tendraient à augmenter la résistance des couples et à rendre leur charge plus longue et plus difficile. Il est donc préférable de les charger de temps en temps, ou de les maintenir constamment en charge par une pile faible, afin d'éviter la production, sur la surface de la lame positive, d'une couche de protoxyde de plomb peu conductrice provenant de la réduction lente et spontanée du peroxyde de plomb. (*Recherches sur l'électricité*, par Gaston Planté. Paris, 1879.)

appareils où les couples secondaires peuvent être associés en tension. La figure 131 représente une batterie secondaire de vingt couples, disposés en deux rangées dans un cadre de bois qui porte, à sa partie supérieure, une pièce CC' permettant d'associer les éléments soit en quantité, soit en tension. Nous décrirons quelques-unes des remarquables expériences que

Fig. 131. — Batterie secondaire de Planté.

l'inventeur des couples et des batteries secondaires a faites à l'aide de ses puissants appareils. Nous terminerons cet exposé en empruntant à M. Planté une comparaison qui fera saisir clairement, pensons-nous, l'importance de l'emploi qu'il a su faire de courants dont les physiciens n'avaient songé avant lui qu'à neutraliser les effets. « Les couples secondaires, dit-il, fonctionnent comme des appareils accumulateurs ou transformateurs du travail de la pile voltaïque, à l'instar de ces machines dont on fait un si fréquent usage dans la mécanique, et qui, sans être des moteurs par eux-mêmes, servent à accumuler ou transformer les forces. Un couple secondaire isolé, de surface plus ou moins grande, peut être exactement comparé à un simple levier de longueur plus ou moins grande; le système plus complexe de la batterie, composé d'un certain nombre de couples secondaires que l'on peut dégager à volonté en *quantité* ou en *tension*, est tout à fait analogue à la machine connue en mécanique sous le nom de *mouton*. On sait que, dans cette machine, une masse pesante, soulevée peu à peu à une grande hauteur, par une série d'efforts successifs, est ensuite abandonnée à elle-même, et rend, par sa chute, sous forme d'un grand et unique effort, la majeure partie du travail dépensé pendant un certain temps. Dans la batterie secondaire, la somme des actions chimiques produites par une faible source d'électricité distribuée sur un grand nombre de couples secondaires développe une somme de forces électromotrices qui, réunies lors de la fermeture du circuit, *rendent*, sous forme d'un courant très intense de courte durée, la somme des actions accumulées pendant tout le temps qu'a duré la charge de la batterie. Les effets de *quantité* correspondent à la chute d'une masse très pesante soulevée à une petite hauteur; les effets de *tension*, à la chute d'une masse moins pesante soulevée à une grande hauteur [1]. »

Ainsi qu'on vient de le voir, les couples et les batteries secondaires de M. Planté ont pour objet l'accumulation et la transformation du travail de la pile voltaïque; ces appareils permettent d'obtenir à volonté des effets temporaires de *quantité* ou de *tension* de beaucoup supérieurs à ceux de la pile employée. Le même physicien a imaginé une machine nouvelle, qu'il a nommée *machine rhéostatique*, dont l'objet

1. *Recherches sur les courants secondaires et leurs applications*, conférence de M. G. Planté. Paris, 1874.

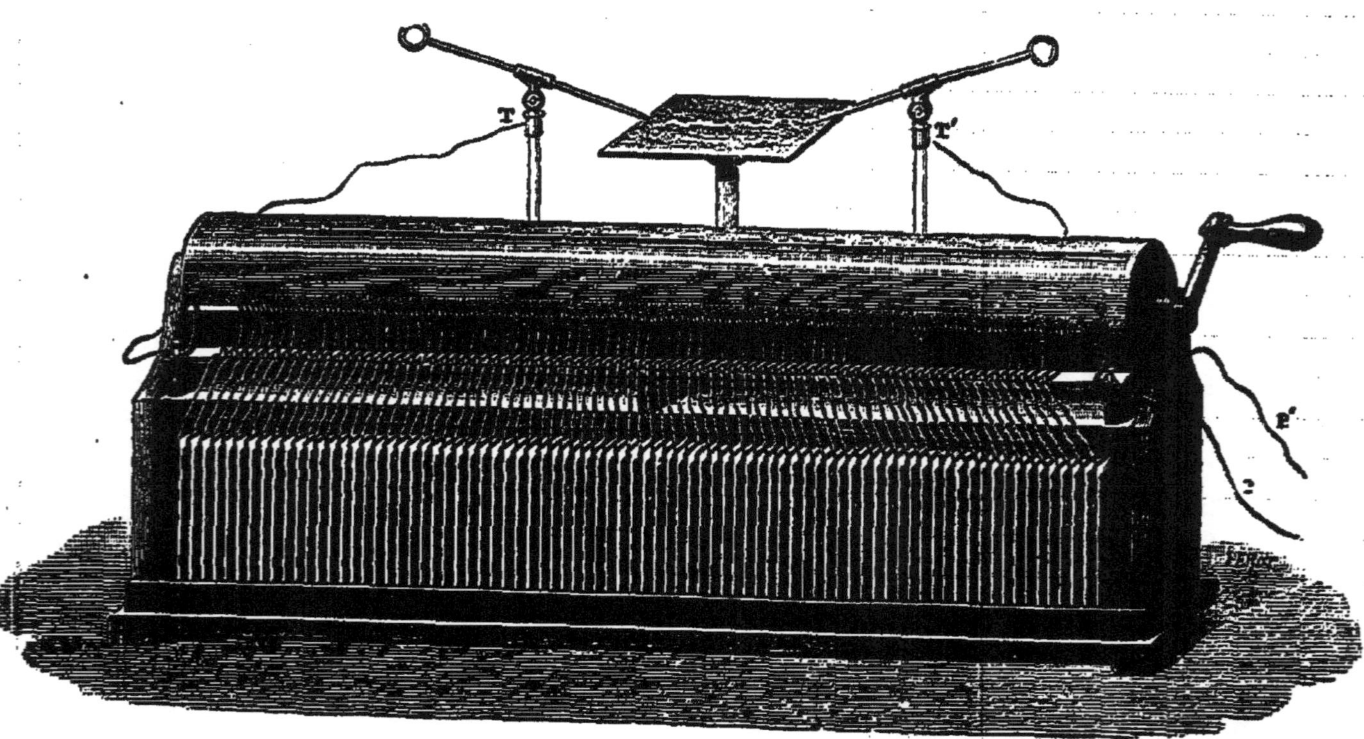

Fig. 132. — Grande machine rhéostatique Planté.

est tout différent : il s'agit, étant donnée « une quantité de force électrique prête à fournir un courant dynamique, de convertir cette force en une quantité correspondante d'effets électriques sous la forme statique ». Ayant constaté fréquemment que des batteries secondaires de 600 à 800 éléments permettaient de charger rapidement un condensateur à lame isolante suffisamment mince en verre, mica, gutta-percha, paraffine, etc., il réunit un certain nombre de condensateurs, de mica recouvert de feuilles d'étain, les disposa comme des couples de ses batteries secondaires, et réalisa ainsi la machine dont nous venons de parler.

La figure 132 représente une machine rhéostatique de 80 condensateurs, construite d'après les données que nous venons de dire. Les condensateurs sont formés de lames de mica (de 18 centimètres sur 14) recouvertes de feuilles d'étain, et sont séparés par des plaques d'ébonite qui, en les isolant, leur donnent assez de rigidité pour les maintenir les uns près des autres dans une position verticale. A l'extrémité de chaque armature sont collés des fils de cuivre fins recouverts de gutta-percha. Le commutateur est un cylindre en caoutchouc durci de 1 mètre de longueur sur 15 centimètres de diamètre, muni de lames métalliques longitudinales et de fiches métalliques comme celui des batteries secondaires, et permettant également de réunir les condensateurs en surface ou en tension, à volonté. Quand le commutateur est tourné de façon à présenter ses deux bandes métalliques aux ressorts communiquant avec les armatures paires d'un côté, impaires de l'autre, tous les condensateurs ne forment qu'un condensateur unique de grande surface, que l'on charge en faisant aboutir les bornes P et P' aux pôles de la batterie. Si, au contraire, le cylindre est tourné comme le montre la figure, les condensateurs sont réunis en tension. Les branches T et T' de l'excitateur communiquent avec les armatures des deux condensateurs extrêmes, et pendant ce temps la batterie ou la pile qui a chargé la machine se trouve en dehors du circuit. « Lorsqu'on met le commutateur en rotation, dit M. Planté, des étincelles apparaissent sur tous les points où les bandes métalliques viennent rencontrer les ressorts aboutissant aux condensateurs pour les charger en surface, et transforment le cylindre en un tube étincelant. Une autre ligne d'étincelles apparaît lorsque les condensateurs se trouvent réunis en tension et que la décharge se produit entre les branches de l'excitateur.

« Si une colonne d'eau distillée est interposée dans le circuit de la batterie secondaire, l'eau semble décomposée d'une manière continue, pendant que la machine est en mouvement. En réalité, cette décomposition n'a lieu qu'au moment où se produisent les étincelles *de charge*; car, pendant la décharge, le tube à eau, de même que la batterie secondaire, se trouve tout à fait en dehors du circuit.

« La quantité limitée d'électricité dynamique emmagasinée dans la batterie secondaire se dépense ainsi peu à peu pendant la charge même des condensateurs; mais cette dépense est très lente, et chaque charge des condensateurs, par suite chaque décharge, correspond à une très minime quantité d'action électrochimique consommée dans la batterie. »

M. Planté est parvenu, en augmentant le nombre des condensateurs et en diminuant l'épaisseur des lames isolantes, à faire fonctionner ses machines rhéostatiques et à leur faire produire *tous* les effets des autres machines électriques et bobines d'induction, sans employer de batteries de plus de 100, et même de 30 à 40 couples secondaires. Dans le volume de cette Encyclopédie plus spécialement consacré aux applications de l'Électricité et qui fera suite au présent volume, nous verrons quel usage on a su tirer de l'emploi des accumulateurs, pour la solution de questions pratiques que les machines électriques ordinaires n'auraient pas permis de résoudre.

FIN

TABLE DES FIGURES

TABLE DES MATIÈRES

DEUXIÈME PARTIE

L'électricité.

Coulommiers. — Typ. P. BRODARD et GALLOIS

Assollant (A.). *Les aventures merveilleuses mais authentiques du capitaine Corcoran*. 2 vol. avec 50 gravures, d'après A. de Neuville.

Barrau (Th.) : *Amour filial*. 1 vol. avec 41 gravures d'après Forogio.

Bawr (Mme de) : *Nouveaux contes*. 1 vol. avec 40 grav. d'après Bertall.
Ouvrage couronné par l'Académie française.

Belèze : *Jeux des adolescents*. 1 vol. avec 140 gravures.

Berquin : *Choix de petits drames et de contes*. 1 vol. avec 36 gravures d'après Foulquier, etc.

Berthet (E.) : *L'enfant des bois*. 1 vol. avec 61 gravures.

— *La petite Chailloux*. 1 vol. illustré de 41 gravures d'après É. Bayard et G. Fraipont.

Blanchère (De la) : *Les aventures de la Ramée*. 1 vol. avec 26 gravures d'après E. Forest.

— *Oncle Tobie le pêcheur*. 1 vol. avec 80 gravures d'après Foulquier et Mesnel.

Boiteau (P.): *Légendes* recueillies ou composées pour les enfants. 1 vol. avec 42 gravures d'après Bertall.

Carpentier (Mlle E.) : *La maison du bon Dieu*. 1 vol. avec 58 gravures d'après Riou.

— *Sauvons-le !* 1 vol. avec 60 gravures d'après Riou.

— *Le secret du docteur*, ou la maison fermée. 1 vol. avec 43 gravures d'après P. Girardet.

— *La tour du preux*. 1 vol. avec 59 gravures d'après Tofani.

— *Pierre le Tors*. 1 vol. avec 64 gravures d'après Zier.

Carraud (Mme Z.) : *La petite Jeanne*, ou le devoir. 1 vol. avec 21 gravures d'après Forest.
Ouvrage couronné par l'Académie française.

Carraud (Mme Z.) (suite) : *Les goûters de la grand'mère*. 1 vol. avec 18 gravures d'après E. Bayard.

— *Les métamorphoses d'une goutte d'eau*. 1 vol. avec 50 gravures d'après É. Bayard.

Castillon (A.) : *Les récréations physiques*. 1 vol. avec 36 gravures d'après Castelli.

— *Les récréations chimiques*, faisant suite au précédent. 1 vol. avec 34 gravures d'après H. Castelli.

Cazin (Mme J.) : *Les petits montagnards*. 1 vol. avec 51 gravures d'après G. Vuillier.

— *Un drame dans la montagne*. 1 vol. avec 33 grav. d'après G. Vuillier.

— *Histoire d'un pauvre petit*. 1 vol. avec 40 gravures d'après Tofani.

— *L'enfant des Alpes*. 1 vol. avec 33 gravures d'après Tofani.

— *Perlette*. 1 vol. illustré de 54 gravures d'après Myrbach.

— *Les saltimbanques*. 1 vol. avec 66 gravures d'après Girardet.

— *Le petit chevrier*. 1 vol. illustré de 39 gravures d'après Vuillier.

Chabreul (Mme de) : *Jeux et exercices des jeunes filles*. 1 vol. avec 62 gravures d'après Fath, et la musique des rondes.

Colet (Mme L.) : *Enfances célèbres*. 1 vol. avec 57 grav. d'après Foulquier.

Contes anglais, traduits par Mme de Witt. 1 vol. avec 43 gravures d'après Morin.

Desiys (Ch.) : *Grand'maman*. 1 vol. avec 29 gravures d'après E. Zier.

Edgeworth (Miss) : *Contes de l'adolescence*, traduit par A. Le François. 1 vol. avec 42 gravures d'après Morin.

— *Contes de l'enfance*, traduit par le même. 1 vol. avec 28 gravures d'après Foulquier.

Edgeworth (Miss) (suite) : *Demain*, suivi de *Mourad le malheureux*, contes traduits par H. Jousselin. 1 vol. avec 55 grav. d'après Bertall.

Fath (G.) : *Bernard, la gloire de son village*. 1 vol. avec 56 gravures d'après Mme G. Fath.

Fénelon : *Fables*. 1 vol. avec 29 grav. d'après Forest et É. Bayard.

Fleuriot (Mlle) : *Le petit chef de famille*. 1 vol. avec 57 gravures d'après H. Castelli.

— *Plus tard*, ou le jeune chef de famille. 1 vol. avec 60 gravures d'après É. Bayard.

— *L'enfant gâté*. 1 vol. avec 48 gravures d'après Ferdinandus.

— *Tranquille et Tourbillon*. 1 vol. avec 45 grav. d'après C. Delort.

— *Cadette*. 1 vol. avec 52 gravures d'après Tofani.

— *En congé*. 1 vol. avec 61 gravures d'après Ad. Marie.

— *Bigarette*. 1 vol. avec 48 gravures d'après Ad. Marie.

— *Bouche-en-Cœur*. 1 vol. avec 45 gravures d'après Tofani.

— *Gildas l'intraitable*, 1 vol. avec 56 gravures d'après E. Zier.

— *Parisiens et Montagnards*. 1 vol. avec 49 gravures d'après E. Zier.

Foë (de) : *La vie et les aventures de Robinson Crusoé*, traduit de l'anglais. 1 vol. avec 40 gravures.

Fonvielle (W. de) : *Néridah*. 2 vol. avec 45 gravures d'après Sahib.

Fresneau (Mme), née de Ségur : *Comme les grands!* 1 vol. illustré de 46 gravures d'après Ed. Zier.

— *Thérèse à Saint-Domingue*. 1 vol. avec 49 gravures d'après Tofani.

Genlis (Mme de) : *Contes moraux*. 1 v. avec 40 grav. d'après Foulquier, etc.

Gérard (A.) : *Petite Rose. — Grande Jeanne*. 1 vol. avec 28 gravures d'après Gilbert.

Girardin (J.) : *La disparition du grand Krause*. 1 vol. avec 70 gravures d'après Kauffmann.

Giron (A.) : *Ces pauvres petits*. 1 vol. avec 22 gravures d'après B. Nouvel.

Gouraud (Mlle J.) : *Les enfants de la ferme*. 1 vol. avec 59 grav. d'après É. Bayard.

— *Le livre de maman*. 1 vol. avec 68 grav. d'après É. Bayard.

— *Cécile, ou la petite sœur*. 1 vol. avec 26 grav. d'après Desandré.

— *Lettres de deux poupées*. 1 vol. avec 59 gravures d'après Olivier.

— *Le petit colporteur*. 1 vol. avec 27 grav. d'après A. de Neuville.

— *Les mémoires d'un petit garçon*. 1 vol. avec 86 gravures d'après É. Bayard.

— *Les mémoires d'un caniche*. 1 vol. avec 75 gravures d'après É. Bayard.

— *L'enfant du guide*. 1 vol. avec 60 gravures d'après É. Bayard.

— *Petite et grande*. 1 vol. avec 48 gravures d'après É. Bayard.

— *Les quatre pièces d'or*. 1 vol. avec 54 gravures d'après É. Bayard.

— *Les deux enfants de Saint-Domingue*. 1 vol. avec 54 gravures d'après É. Bayard.

— *La petite maîtresse de maison*. 1 vol. avec 37 grav. d'après Marie.

— *Les filles du professeur*. 1 vol. avec 36 grav. d'après Kauffmann.

— *La famille Harel*. 1 vol. avec 44 gravures d'après Vainay.

— *Aller et retour*. 1 vol. avec 40 gravures d'après Ferdinandus.

— *Les petits voisins*. 1 vol. avec 39 gravures d'après C. Gilbert.

— *Chez grand'mère*. 1 vol. avec 98 gravures d'après Tofani.

— *Le petit bonhomme*. 1 vol. avec 45 grav. d'après A. Ferdinandus.

Gouraud (Mlle J.) (suite) : *Le vieux château*. 1 vol. avec 28 gravures d'après E. Zier.

— *Pierrot*. 1 vol. avec 31 gravures d'après E. Zier.

— *Minette*. 1 vol. illustré de 52 gravures d'après TOFANI.

— *Quand je serai grande!* 1 vol. avec 60 gravures d'après Ferdinandus.

Grimm (les frères) : *Contes choisis*, traduit par Ferd. Baudry. 1 vol. avec 40 gravures d'après Bertall.

Hauff : *La caravane*, traduit par A. Talon. 1 vol. avec 40 gravures d'après Bertall.

— *L'auberge du Spessart*, traduit par A. Talon. 1 vol. avec 61 gravures d'après Bertall.

Hawthorne : *Le livre des merveilles*, traduit de l'anglais par L. Rabillon. 2 vol. avec 40 gravures d'après Bertall.

Hébel et **Karl Simrock** : *Contes allemands*, traduit par M. Martin. 1 vol. avec 27 grav. d'après Bertall.

Johnson (R. B.) : *Dans l'extrême Far West*, traduit de l'anglais par A. Talandier. 1 vol. avec 20 gravures d'après A. Marie.

Marcel (Mme J.) : *L'école buissonnière*. 1 vol. avec 20 gravures d'après A. Marie.

— *Le bon frère*. 1 vol. avec 21 gravures d'après É. Bayard.

— *Les petits vagabonds*. 1 vol. avec 25 gravures d'après É. Bayard.

— *Histoire d'une grand'mère et de son petit-fils*. 1 vol. avec 36 gravures d'après C. Delort.

— *Daniel*. 1 vol. avec 45 gravures d'après Gilbert.

— *Le frère et la sœur*. 1 vol. avec 45 gravures d'après E. Zier.

— *Un bon gros pataud*. 1 vol. avec 45 gravures d'après Jeanniot.

Maréchal (Mlle M.) : *La dette de Ben-Aïssa*. 1 vol. avec 20 gravures d'après Bertall.

— *Nos petits camarades*. 1 vol. avec 18 gravures d'après E. Bayard et H. Castelli, etc.

— *La maison modèle*. 1 vol. avec 42 gravures d'après Sahib.

Marmier (X.) : *L'arbre de Noël*. 1 vol. avec 68 grav. d'après Bertall.

Martignat (Mlle de) : *Les vacances d'Élisabeth*. 1 vol. avec 36 gravures d'après Kauffmann.

— *L'oncle Boni*. 1 vol. avec 42 gravures d'après Gilbert.

— *Ginette*. 1 vol. avec 50 gravures d'après Tofani.

— *Le manoir d'Yolan*. 1 vol. avec 56 gravures d'après Tofani.

— *La pupille du général*. 1 vol. avec 40 gravures d'après Tofani.

— *L'héritière de Maurivèze*. 1 vol. avec 39 grav. d'après Poirson.

— *Une vaillante enfant*. 1 vol. avec 43 gravures par Tofani.

— *Une petite-nièce d'Amérique*. 1 vol. avec 43 gravures d'après Tofani.

— *La petite fille du vieux Thémi*. 1 vol. illustré de 42 gravures d'après TOFANI.

Mayne-Reid (le capitaine) : *Les chasseurs de girafes*, traduit de l'anglais par H. Vattemare. 1 vol. avec 10 grav. d'après A. de Neuville.

— *A fond de cale*, traduit par Mme H. Loreau. 1 vol. avec 12 gravures.

— *A la mer!* traduit par Mme H. Loreau. 1 vol. avec 12 gravures.

— *Bruin*, ou les chasseurs d'ours, traduit par A. Letellier. 1 vol. avec 8 grandes gravures.

— *Les chasseurs de plantes*, traduit par Mme H. Loreau. 1 vol. avec 29 gravures.

Mayne-Reid (le capitaine) (suite) : *Les exilés dans la forêt*, traduit par Mme H. Loreau. 1 vol. avec 12 gravures.

— *L'habitation du désert*, traduit par A. Le François. 1 vol. avec 24 grav.

— *Les grimpeurs de rochers*, traduit par Mme H. Loreau. 1 vol. avec 20 gravures.

— *Les peuples étranges*, traduit par Mme H. Loreau. 1 vol. avec 28 grav.

— *Les vacances des jeunes Boërs*, traduit par Mme H. Loreau. 1 vol. avec 12 gravures.

— *Les veillées de chasse*, traduit par H.-B. Révoil. 1 vol. avec 48 gravures d'après Freeman.

— *La chasse au Léviathan*, traduit par J. Girardin. 1 vol. avec 51 gravures d'après A. Ferdinandus et Th. Weber.

— *Les naufragés de la Calypso*. 1 vol. traduit par Mme Gustave Demoulin et illustré de 55 gravures d'après Pranishnikoff.

Muller (E.) : *Robinsonnette*. 1 vol. avec 22 gravures d'après Lix.

Ouida : *Le petit comte*. 1 vol. avec 34 gravures d'après G. Vullier, Tofani, etc.

Peyronny (Mme de), née d'Isle : *Deux cœurs dévoués*. 1 vol. avec 53 gravures d'après J. Devaux.

Pitray (Mme de) : *Les enfants des Tuileries*. 1 vol. avec 29 gravures d'après É. Bayard.

— *Les débuts du gros Philéas*. 1 vol. avec 57 grav. d'après H. Castelli.

— *Le château de la Pétaudière*. 1 vol. avec 78 grav. d'après A. Marie.

— *Le fils du maquignon*. 1 vol. avec 65 gravures d'après Riou.

— *Petit monstre et poule mouillée*. 1 vol. avec 66 grav. par E. Girardet.

— *Robin des Bois*. 1 vol. illustré de 40 gravures d'après Sirouy.

Rendu (V.) : *Mœurs pittoresques des insectes*. 1 vol. avec 49 grav.

Rostoptchine (Mlle la comtesse) : *Belle, Sage et Bonne*. 1 vol. avec 30 gravures d'après Ferdinandus.

Sandras (Mme) : *Mémoires d'un lapin blanc*. 1 vol. avec 20 gravures d'après E. Bayard.

Sannois (Mme la comtesse de) : *Les soirées à la maison*. 1 vol. avec 42 gravures d'après É. Bayard.

Ségur (Mme la comtesse de) : *Après la pluie, le beau temps*. 1 vol. avec 128 grav. d'après É. Bayard.

— *Comédies et proverbes*. 1 vol. avec 60 gravures d'après É. Bayard.

— *Diloy le chemineau*. 1 vol. avec 90 gravures d'après H. Castelli.

— *François le bossu*. 1 vol. avec 114 gravures d'après É. Bayard.

— *Jean qui grogne et Jean qui rit*. 1 vol. avec 70 grav. d'après Castelli.

— *La fortune de Gaspard*. 1 vol. avec 52 gravures d'après Gerlier.

— *La sœur de Gribouille*. 1 vol. avec 72 grav. d'après H. Castelli.

— *Pauvre Blaise!* 1 vol. avec 65 gravures d'après H. Castelli.

— *Quel amour d'enfant!* 1 vol. avec 79 gravures d'après É. Bayard.

— *Un bon petit diable*. 1 vol. avec 100 gravures d'après H. Castelli.

— *Le mauvais génie*. 1 vol. avec 90 gravures d'après É. Bayard.

— *L'auberge de l'Ange-Gardien*. 1 vol. avec 75 grav. d'après Foulquier.

— *Le général Dourakine*. 1 vol. avec 100 gravures d'après É. Bayard.

— *Les bons enfants*. 1 vol. avec 70 gravures d'après Ferogio.

— *Les deux nigauds*. 1 vol. avec 76 gravures d'après H. Castelli.

— *Les malheurs de Sophie*. 1 vol. avec 48 grav. d'après H. Castelli.

Ségur (Mme la comtesse de) (suite) : *Les petites filles modèles*. 1 vol. avec 21 gravures d'après Bertall.

— *Les vacances*. 1 vol. avec 36 gravures d'après Bertall.

— *Mémoires d'un âne*. 1 vol. avec 75 grav. d'après H. Castelli.

Stolz (Mme de) : *La maison roulante*. 1 vol. avec 20 grav. sur bois d'après É. Bayard.

— *Le trésor de Nanette*. 1 vol. avec 24 gravures d'après É. Bayard.

— *Blanche et noire*. 1 vol. avec 34 gravures d'après É. Bayard.

— *Par-dessus la haie*. 1 vol. avec 56 gravures d'après A. Marie.

— *Les poches de mon oncle*. 1 vol. avec 20 gravures d'après Bertall.

— *Les vacances d'un grand-père*. 1 vol. avec 40 gravures d'après G. Delafosse.

— *Quatorze jours de bonheur*. 1 vol. avec 45 gravures d'après Bertall.

— *Le vieux de la forêt*. 1 vol. avec 32 gravures d'après Sahib.

— *Le secret de Laurent*. 1 vol. avec 32 gravures d'après Sahib.

— *Les deux reines*. 1 vol. avec 32 gravures d'après Delort.

— *Les mésaventures de Mlle Thérèse*. 1 vol. avec 29 grav. d'après Charles.

— *Les frères de lait*. 1 vol. avec 42 gravures d'après H. Zier.

Stolz (Mme de) (suite) : *Magali*. 1 vol. avec 36 gravures d'après Tofani.

— *La maison blanche*. 1 vol. avec 35 gravures d'après Tofani.

— *Les deux André*. 1 vol. avec 45 gravures d'après Tofani.

— *Deux tantes*. 1 vol. avec 43 gravures d'après Tofani.

— *Violence et bonté*. 1 vol. avec 50 gravures par Tofani.

— *L'embarras du choix*. 1 v. illustré de 30 gravures d'après Tofani.

Swift : *Voyages de Gulliver*, traduit et abrégé à l'usage des enfants. 1 vol. avec 57 gravures d'après Delafosse.

Taulier : *Les deux petits Robinsons de la Grande-Chartreuse*. 1 vol. avec 60 gravures d'après É. Bayard et Hubert Clerget.

Tournier : *Les premiers chants*, poésies à l'usage de la jeunesse, 1 vol. avec 20 gravures d'après Gustave Roux.

Vimont (Ch.) : *Histoire d'un navire*. 1 vol. avec 40 gravures d'après Alex. Vimont.

Witt (Mme de), née Guizot : *Enfants et parents*. 1 vol. avec 34 gravures d'après A. de Neuville.

— *La petite-fille aux grand'mères*. 1 vol. avec 36 grav. d'après Beau.

— *En quarantaine*. 1 vol. avec 48 gravures d'après Ferdinandus.

IIIe SÉRIE, POUR LES ENFANTS ADOLESCENTS

ET POUVANT FORMER UNE BIBLIOTHÈQUE POUR LES JEUNES FILLES DE 14 A 18 ANS

VOYAGES

Agassiz (M. et Mme) : *Voyage au Brésil*, traduit et abrégé par J. Belin de Launay. 1 vol. avec 16 gravures et 1 carte.

Aunet (Mme d') : *Voyage d'une femme au Spitzberg*. 1 vol. avec 34 gravures.

Baines : *Voyages dans le sud-ouest de l'Afrique*, traduit et abrégé par J. Belin de Launay. 1 vol. avec 22 gravures et 1 carte.

Baker : *Le lac Albert N'yanza*. Nouveau voyage aux sources du Nil, abrégé par Belin de Launay. 1 vol. avec 16 gravures et 1 carte.

Baldwin : *Du Natal au Zambèze* (1851-1866). Récits de chasses, abrégés par J. Belin de Launay. 1 vol. avec 24 gravures et 1 carte.

Burton (le capitaine) : *Voyages à la Mecque, aux grands lacs d'Afrique et chez les Mormons*, abrégé par J. Belin de Launay. 1 vol. avec 12 gravures et 3 cartes.

Catlin : *La vie chez les Indiens*, traduit de l'anglais. 1 vol. avec 25 gravures.

Fonvielle (W. de) : *Le glaçon du Polaris*, aventures du capitaine Tyson. 1 vol. avec 19 gravures et 1 carte.

Hayes (Dr) : *La mer libre du pôle*, traduit par F. de Lanoye, et abrégé par J. Belin de Launay. 1 vol. avec 14 gravures et 1 carte.

Hervé et de Lanoye : *Voyages dans les glaces du pôle arctique*. 1 vol. avec 40 gravures.

Lanoye (F. de) : *Le Nil et ses sources*. 1 vol. avec 32 gravures et des cartes.

— *La Sibérie*. 1 vol. avec 48 gravures d'après Lebreton, etc.

— *Les grandes scènes de la nature*. 1 vol. avec 40 gravures.

— *La mer polaire*, voyage de l'*Érèbe* et de la *Terreur*, et expédition à la recherche de Franklin. 1 vol. avec 29 gravures et des cartes.

— *Ramsès le Grand*, ou l'Égypte il y a trois mille trois cents ans. 1 vol. avec 39 gravures d'après Lancelot, E. Bayard, etc.

Livingstone : *Explorations dans l'Afrique australe*, abrégé par J. Belin de Launay. 1 vol. avec 20 gravures et 1 carte.

Livingstone (suite) : *Dernier journal*, abrégé par J. Belin de Launay. 1 vol. avec 16 grav. et 1 carte.

Mage (L.) : *Voyage dans le Soudan occidental*, abrégé par J. Belin de Launay. 1 vol. avec 16 gravures et 1 carte.

Milton et Cheadle : *Voyage de l'Atlantique au Pacifique*, traduit et abrégé par J. Belin de Launay. 1 vol. avec 16 gravures et 2 cartes.

Mouhot (Ch.) : *Voyage dans le royaume de Siam, le Cambodge et le Laos*. 1 vol. avec 28 gravures et 1 carte.

Palgrave (W. G.) : *Une année dans l'Arabie centrale*, traduit et abrégé par J. Belin de Launay. 1 vol. avec 12 gravures, 1 portrait et 1 carte.

Pfeiffer (Mme) : *Voyages autour du monde*, abrégé par J. Belin de Launay. 1 vol. avec 16 gravures et 1 carte.

Piotrowski : *Souvenirs d'un Sibérien*. 1 vol. avec 10 gravures d'après A. Marie.

Schweinfurth (Dr) : *Au cœur de l'Afrique* (1868-1871). Traduit par Mme H. Loreau, et abrégé par J. Belin de Launay. 1 vol. avec 16 gravures et 1 carte.

Speke : *Les sources du Nil*, édition abrégée par J. Belin de Launay. 1 vol. avec 24 gravures et 3 cartes.

Stanley : *Comment j'ai retrouvé Livingstone*, traduit par Mme Loreau, et abrégé par J. Belin de Launay. 1 vol. avec 16 gravures et 1 carte.

Vambéry : *Voyages d'un faux derviche dans l'Asie centrale*, traduit par E. D. Forgues, et abrégé par J. Belin de Launay. 1 vol. avec 18 gravures et une carte.

HISTOIRE

Le loyal serviteur : *Histoire du gentil seigneur de Bayard*, revue et abrégée, à l'usage de la jeunesse, par Alph. Feillet. 1 vol. avec 36 gravures d'après P. Sellier.

Monnier (M.) : *Pompéi et les Pompéiens*. Édition à l'usage de la jeunesse. 1 vol. avec 25 gravures d'après Thérond.

Plutarque : *Vie des Grecs illustres*, édition abrégée par A. Feillet. 1 vol. avec 53 gravures d'après P. Sellier.

— *Vie des Romains illustres*, édition abrégée par A. Feillet. 1 vol. avec 69 gravures d'après P. Sellier.

Retz (Le cardinal de) : *Mémoires* abrégés par A. Feillet. 1 vol. avec 35 gravures d'après Gilbert, etc.

LITTÉRATURE

Bernardin de Saint-Pierre : *Œuvres choisies*. 1 vol. avec 12 gravures d'après É. Bayard.

Cervantès : *Don Quichotte de la Manche*. 1 vol. avec 64 gravures d'après Bertall et Forest.

Homère : *L'Iliade et l'Odyssée*, traduites par P. Giguet et abrégées par Alph. Feillet. 1 vol. avec 33 gravures d'après Olivier.

Le Sage : *Aventures de Gil Blas*, édition destinée à l'adolescence. 1 vol. avec 80 gravures d'après Leroux.

Mac-Intosch (Miss) : *Contes américains*, traduit par Mme Dionis. 2 vol. avec 30 gravures d'après É. Bayard.

Maistre (X. de) : *Œuvres choisies*. 1 vol. avec 15 gravures d'après É. Bayard.

Molière : *Œuvres choisies*, abrégées, à l'usage de la jeunesse. 2 vol. avec 22 gravures d'après Hillemacher.

Virgile : *Œuvres choisies*, traduites et abrégées à l'usage de la jeunesse, par Th. Barrau. 1 vol. avec 20 gravures d'après P. Sellier.

17068. — Imprimeries réunies, A. rue Mignon, 2, Paris — 11-83.

www.ingramcontent.com/pod-product-compliance
Ingram Content Group UK Ltd.
Pitfield, Milton Keynes, MK11 3LW, UK
UKHW020110200726
13856UKWH00002B/467